化学の指針シリーズ

編集委員会　井上祥平・伊藤　翼・岩澤康裕
　　　　　　大橋裕二・西郷和彦・菅原　正

化学環境学

御園生　誠　著

裳華房

CHEMICAL SCIENCE AND TECHNOLOGY FOR THE ENVIRONMENT

by

MAKOTO MISONO

SHOKABO

TOKYO

「化学の指針シリーズ」刊行の趣旨

　このシリーズは，化学系を中心に広く理科系（理・工・農・薬）の大学・高専の学生を対象とした，半年の講義に相当する基礎的な教科書・参考書として編まれたものである．主な読者対象としては大学学部の2～3年次の学生を考えているが，企業などで化学にかかわる仕事に取り組んでいる研究者・技術者にとっても役立つものと思う．

　化学の中にはまず「専門の基礎」と呼ぶべき物理化学・有機化学・無機化学のような科目があるが，これらには1年間以上の講義が当てられ，大部の教科書が刊行されている．本シリーズの対象はこれらの科目ではなく，より深く化学を学ぶための科目を中心に重要で斬新な主題を選び，それぞれの巻にコンパクトで充実した内容を盛り込むよう努めた．

　各巻の記述に当たっては，対象読者にふさわしくできるだけ平易に，懇切に，しかも厳密さを失わないように心がけた．

1. 記述内容はできるだけ精選し，網羅的ではなく，本質的で重要な事項に限定し，それらを十分に理解させるようにした．
2. 基礎的な概念を十分理解させるために，また概念の応用，知識の整理に役立つよう，演習問題を設け，巻末にその略解をつけた．
3. 各章ごとに内容に相応しいコラムを挿入し，学習への興味をさらに深めるよう工夫した．

　このシリーズが多くの読者にとって文字通り化学を学ぶ指針となることを願っている．

「化学の指針シリーズ」編集委員会

まえがき

　有限な地球という制約条件の中で，いかにすれば豊かな社会を維持発展できるかとの問いに，人類はまだ解答を出せていないと思う．じつは，何が本当に課題なのかも，情緒的な情報があふれて，よくわからないでいることが多い．皆が地球の温暖化を防止したいと思っているが，問題の本質が何で本当はどうしたらよいのか分かっているのだろうか．例えば，バイオ燃料を使うと，どの程度二酸化炭素の排出を減らすことができるのだろうか．そのコストは許容範囲なのだろうか，他への悪影響が出たりはしないのだろうか．「化学物質」についても，そのため環境が悪化したと思う人がいるが，そうなのだろうか．もしそうなら，役に立っている多くの化学物質をいったいどのように使えばよいのだろうか．

　こういった問題に対して，化学者，化学技術者の立場から事実を科学的に認識し，合理的な対策を出そうというのが，本書で扱う化学環境学である．

　本書は，環境の現状とその問題点について化学の視点に立って総合的に解説し，さらに，その問題を解決するために必要な化学的な技術とそのあり方を述べたものである．これらをあわせて「化学環境学」と呼ぶこととした．化学環境学は新語ではないが，従来のものを発展的に再定義したつもりでいる．本書はいわばこの定義による化学環境学の概論・試論でもある．

　人類は圧倒的に強大な自然に対して譲歩しながらも厳しい挑戦を続け，より便利でより豊かな社会へ向けて文明を築いてきた．いまでも自然の力のほうが圧倒的であるが，人類が進める地球規模の開発は気候までも変えてしまいそうな勢いである．ところが，近年，開発による副作用が人類自身の持続性を危うくする恐れのあることがわかって未来に対する不安が広がっている．

このような状況の下で環境を維持しさらには改善したいと皆が願っているが，その願いをかなえるためには，まず，環境の構成要素とその量的関係や動的挙動を正しく理解せねばならない．なぜなら，環境は非常に複雑で不確実性が大きく，対策を立てるためには対象を多面的に理解することが欠かせないからである．誤って理解したり，局所的にしか見ないで判断したりすると，良かれと思ってしたことが逆に悪影響をもたらすことが少なくない．マスメディアや科学者を含め，社会全体に，環境の全体像を見誤った情緒的な理解と行動が広がっているように思う．そのため，本書では，なるべくデータを用いて客観的に記述するように努めた．データをわずらわしく思ったら読み飛ばしてもよいが，データがあったことは覚えていて機会を見つけて確認していただきたい．データは毎年更新される．またデータの精度もさまざまである．変化の大きいものはなるべく最新のデータを選び，精度についても確認を心がけたが必ずしも十分ではない．最近はインターネットで容易に最新データが入手可能なので，信頼性をクロスチェックしつつそれらを活用されたい．

　本書では，全体を環境の理解と対策に分け，まず，環境の現状と問題を解説し，その後に対策技術とそのあるべき姿を述べた．すなわち，まず第1章で化学環境学の全体像を把握したのち，第2〜4章で環境の現状を理解してもらうようにした．続いて，第5〜10章に対策技術とその基盤となる知識やツールを解説した．問題提起型の記述がしばしばあるが，単純化しすぎた記述を押し付けるより，読者に考えてもらうことを期待したためである．

　理解（第2〜4章）と対策（第5〜10章）はおおむね「狭義の科学」と「技術（工学）」に対応する．両者は，近代になって密接な関係をもつようになったが，それぞれ「科学のための科学」と「社会のための科学」とも呼ばれるもので，異なる歴史をもち，ねらいや方法論が異なる．狭義の科学は知的好奇心を駆動力として発展し，心を豊かにする文化の一部となる．もちろん，技術などを通して社会に貢献することもある．一方，技術は，目的をまず設定

し（ものやサービス），それから目的実現のための手段を合理的に設計し，さらに具現化して社会に直接的に提供する．いずれの技術も，多くの科学・技術分野のみならず人文・社会科学および現実の社会・経済の知識を必要とする．化学技術も同様で，化学はその主要な要素の一つであるが，化学の単純な延長や応用（＝リニアモデル）ではない．

　本書の内容は，著者が東京大学時代に考えた環境触媒の延長線上にあり，その後勤めた工学院大学における「化学プロセス環境学」と「環境化学工学」の講義をベースにしたものである．総合性とデータを重視したこと以外に，環境改善の技術と化学物質に関する記述に力を入れた点が特徴である．本書が，環境を正しく理解し適切な行動をするための出発点，そして健全な基礎となることを願っている．

　章の数と講義時間とが整合しないかもしれないが，講義の目的に応じて各章を適宜伸縮・分割して対応していただければありがたい．その際，巻末の参考書のリストが役立つであろう．演習問題には，正しい理解のための計算問題や復習のための問題と，正解が必ずしもないもので読者に自由に（できればじっくり）考えていただきたいものの両方がある．なお，第1, 9章およびあとがきはすでに発表した著者の総説，論説を編集・補筆したもの．第2, 11章の一部も同様 既発表の解説を編集したものである．

　おわりに，本書の内容について，製品評価技術基盤機構（ナイト）・化学物質管理センターのスタッフはじめ多くの方から助言や示唆をいただいたことを感謝する．また，本書を執筆する機会をくださった井上祥平 東京大学名誉教授，出版に当たりお世話になった裳華房 小島敏照，山口由夏 両氏に謝意を表する．

2007年8月

御園生　誠

目　次

第1章　化学環境学と現代の環境問題
1.1　化学環境学　　*1*
1.2　環境とは－環境問題と公害問題　　*2*
1.3　現代の環境問題の特徴　　*3*
1.4　持続・循環・定常　　*7*
　1.4.1　持続性がなぜ問題なのか　　*7*
　1.4.2　持続可能な社会と循環型社会　　*9*
1.5　基本的な考え方　　*10*
　1.5.1　安全と安心　　*10*
　1.5.2　リスク　　*11*
　1.5.3　環境と経済　　*11*
演習問題　　*13*

第2章　自然環境の現状
2.1　地球と人類　　*14*
　2.1.1　地球システム　　*14*
　2.1.2　人類の歴史　　*17*
2.2　物質循環　　*18*
2.3　大　気　　*19*
2.4　水　　*21*
2.5　土　壌　　*21*
2.6　生　物　圏　　*22*
　2.6.1　生物圏の構成　　*22*
　2.6.2　生物種間の関係　　*23*
演習問題　　*27*

第3章 資源・エネルギーの現状と将来
- **3.1** エネルギー需給　*28*
- **3.2** 資源と物質のフロー　*33*
- **3.3** 水資源　*35*
- **3.4** 食糧　*37*
- **3.5** 人口　*39*
- 演習問題　*42*

第4章 環境問題と化学
- **4.1** 現代の環境問題－概要　*43*
- **4.2** 地球温暖化問題　*43*
- **4.3** 大気保全　*48*
  - **4.3.1** オゾン層破壊　*48*
  - **4.3.2** 酸性雨, 硫黄酸化物 (SOx)　*50*
  - **4.3.3** 窒素酸化物 (NOx)　*52*
  - **4.3.4** 一酸化炭素　*52*
  - **4.3.5** 光化学オキシダント　*52*
  - **4.3.6** 粒子状物質 (PM)　*53*
  - **4.3.7** 有害大気汚染物質と揮発性有機化合物 (VOC)　*53*
  - **4.3.8** 室内空気　*54*
- **4.4** 土地利用上の問題　*54*
  - **4.4.1** 森林減少　*54*
  - **4.4.2** 土地劣化, 農地, 耕地　*55*
  - **4.4.3** 砂漠化　*56*
- **4.5** 水汚染　*56*
- **4.6** 化学物質の管理　*57*
- **4.7** 廃棄物　*58*
- **4.8** 日常生活の環境　*58*
- **4.9** 対策技術　*59*
- 演習問題　*61*

第5章 ライフサイクルアセスメント（LCA）

- 5.1 LCA とは　*62*
- 5.2 LCA の手順（積み上げ法）　*63*
- 5.3 LCA 実施例　*66*
  - 5.3.1 食品用トレイ－紙とプラスチックの比較　*66*
  - 5.3.2 日常生活用品の LCA　*67*
  - 5.3.3 プラスチックのリサイクル　*68*
- 5.4 積み上げ法 LCA の有効性と限界　*69*
- 5.5 産業連関分析法　*69*
- 5.6 環境管理とその評価　*70*
  - 5.6.1 環境管理システム　*71*
  - 5.6.2 環境監査　*71*
  - 5.6.3 環境効率　*72*
  - 5.6.4 環境会計　*73*
  - 5.6.5 環境ラベル　*73*
  - 5.6.6 環境アセスメント　*74*
- 演習問題　*76*

第6章 化学物質のリスク評価と管理

- 6.1 化学物質とリスク　*77*
  - 6.1.1 「化学物質」とは　*77*
  - 6.1.2 リスクと安全，安心　*78*
- 6.2 化学物質の危険有害性　*79*
  - 6.2.1 物理化学的危険性（化学安全）　*80*
  - 6.2.2 人への健康有害性　*81*
  - 6.2.3 環境有害性　*82*
- 6.3 化学物質のリスク評価　*84*
  - 6.3.1 人の健康に対するリスクの評価　*84*
  - 6.3.2 健康リスク評価の実施例　*88*
  - 6.3.3 生態リスクの評価　*89*
  - 6.3.4 リスク評価の課題　*90*

6.4　化学物質のリスク管理　92
　　6.4.1　リスク管理の諸原則　92
　　6.4.2　管理手法　93
　　6.4.3　食品の安全管理　94
6.5　法規制と自主管理　94
　　6.5.1　国内法　95
　　6.5.2　国際条約等　98
6.6　化学物質管理の今後のあり方　99
6.7　その他の問題　101
演習問題　104

第7章　環境化学技術

7.1　環境技術と化学　105
7.2　大気環境改善の化学技術　107
　　7.2.1　自動車排ガス浄化　108
　　7.2.2　クリーン燃料　111
　　7.2.3　排煙脱硫・脱硝　112
　　7.2.4　有害有機化合物　113
　　7.2.5　室内空気の浄化　115
7.3　水環境改善の化学技術　116
7.4　土壌，生態系保全の化学技術　118
7.5　二酸化炭素の排出量削減　119
7.6　環境触媒　120
7.7　環境モニタリング　121
7.8　非技術的（社会経済的）対策　123
演習問題　125

第8章　エネルギー・資源確保のための化学技術

8.1　エネルギー・資源戦略　126
　　8.1.1　枯渇性資源と非枯渇性資源　126
　　8.1.2　エネルギー選択のための評価基準　127

8.2　日本のエネルギー・資源セキュリティー　*128*
8.3　枯渇性資源への一般的対応技術　*131*
8.4　再生可能資源の利用における留意事項　*132*
8.5　化石系資源　*133*
　8.5.1　石　油　*133*
　8.5.2　石　炭　*136*
　8.5.3　天然ガス　*137*
　8.5.4　その他の化石資源　*139*
8.6　原 子 力　*140*
　8.6.1　探鉱，採掘，濃縮技術　*141*
　8.6.2　有効利用，再利用　*141*
　8.6.3　原子力のまとめと課題　*143*
8.7　自然エネルギー　*143*
　8.7.1　水　力　*143*
　8.7.2　太陽光，風力　*143*
　8.7.3　地　熱　*145*
8.8　バイオマス資源　*145*
　8.8.1　バイオマス資源とは　*145*
　8.8.2　バイオマスのエネルギー・材料利用　*146*
　8.8.3　バイオマス資源の課題　*150*
8.9　水素，燃料電池　*152*
8.10　一般的な省エネルギー技術　*153*
8.11　食糧，水の確保と化学技術　*154*
演 習 問 題　*158*

第9章　グリーンケミストリー

9.1　グリーンケミストリー（GC）とは　*159*
9.2　GC を必要とする二つの理由　*160*
9.3　GC の三つのねらい　*161*
9.4　グリーン度評価　*163*
9.5　グリーンプロセス　*164*

9.6　グリーン原料，グリーン製品，リサイクル　*170*
9.7　GC のまとめ　*172*
演習問題　*175*

第 10 章　廃棄物処理とリサイクルの化学技術

10.1　資源の消費と廃棄の現状　*176*
10.2　日本の廃棄物の現状　*177*
　10.2.1　廃棄物の分類　*177*
　10.2.2　一般廃棄物，産業廃棄物の内訳　*179*
10.3　廃棄物の処理技術　*179*
　10.3.1　3 R　*179*
　10.3.2　廃棄物処理の流れ　*180*
10.4　再資源化技術　*182*
　10.4.1　概　要　*182*
　10.4.2　再資源化の現状　*184*
　10.4.3　再資源化技術とその評価　*185*
10.5　社会経済的対策　*193*
演習問題　*196*

第 11 章　持続可能で豊かな社会へ向けて

11.1　前提条件の確認　*197*
11.2　地球的制約条件　*200*
　11.2.1　エネルギー資源量　*200*
　11.2.2　資源量（材料源）　*201*
　11.2.3　環境変化　*202*
11.3　技術的制約条件と化学技術の課題　*204*
11.4　社会経済的条件　*207*
11.5　環境問題に関するさまざまな視点　*209*
11.6　未来へ向けて　*212*
　11.6.1　エネルギー・材料資源の行方を考察するための前提と規準　*212*
　11.6.2　環境問題の行方　*212*

11.6.3 ライフスタイルの転換　*213*
11.6.4 化学プロセス，化学製品のあり方　*215*
11.6.5 結　言　*216*

あ と が き　*217*
参 考 文 献　*220*
問題解答とヒント　*225*
索　引　*229*

Column

持続可能な発展　*12*
地球と生物の歴史　*24*
共　生　*26*
南北問題　*40*
環境保全と環境保存　*59*
地球サミットとアジェンダ 21　*60*
生活用品の LCA とグリーン購入　*75*
毒とクスリと犬とネコ　*102*
ナノテクノロジーとナノ材料のリスク　*103*
自動車触媒　*123*
エネルギー生産性と資源生産性　*155*
京都メカニズム；クリーン開発メカニズム，共同実施，排出権取引　*157*
GC 以前の GC　*173*
エコマテリアル　*174*
廃棄物処理の今昔　*195*

第1章　化学環境学と現代の環境問題

　化学環境学とは何を対象とするどのような学術で何を目的とするのか．まず，本書のねらいと内容について，次いで，現代の環境問題の特徴とその背景について概略を解説する．本章では，化学環境学すなわち環境問題を理解し解決するための化学と化学技術が果たす役割が大きいことを学ぶ．

1.1　化学環境学

　化学環境学とは，一言でいえば，化学の視点からみた環境学であり，化学技術による環境改善を通して快適で持続可能な社会の実現に貢献する学術である．環境に関する化学といった色彩が濃い環境化学とは，重複はあるが区別する．本書は，その化学環境学の概論あるいは試論というべきものである．
　化学は，物質の構造，性質とその変化（化学反応）に関する科学，つまり，物質の科学であり，これらを原子間の結合や分子間の相互作用，さらに分子・分子集合体の性質に着目して論ずる点に特徴がある．環境とは，個人や社会を取り巻く自然・生態系全体のことである．環境は，物質の存在状態とその変化によって決まるので，まさに化学の対象である．環境の変化が及ぼす人間・社会への影響が関心を集めているいま，環境は，化学の重要な対象であり，化学の立場から環境学を論じることは大いに意味があるといえよう．
　ここで考える化学環境学は，環境を化学的に理解し，記述し，そして，環境を良い状態に保つための（あるいは，環境を改善するための）化学的な方策を重要な要素とする技術，すなわち，化学技術を考案する学術の体系であ

り，究極的には持続する豊かな生活を目指すものである．いうまでもないが，化学・化学技術のみが重要なのではない．他の科学・技術分野もそれぞれに問題の解決には必要である．というより，幅広い学術が連携して対処せねばならない問題がじつは多いのである．

　環境と一口にいっても，対象は広範であり，また，複雑であるのに対し，環境学自身の歴史は浅く，十分に体系化されているとはいえない．いま，環境を化学の立場で理解し，改善策を考えることは，環境学の体系化や環境技術の進歩にも貢献するものと思われる．また，環境の問題を正しく理解していることが，化学という科学のフロンティアを開拓していくうえでも間違いなく有益であろう．

1.2　環境とは－環境問題と公害問題

　人間・社会に対して，環境が好ましくない影響を及ぼす，ないしは，環境が人間・社会にとって好ましくない方向に変化することが環境問題である．なかには，人間・社会だけでなく，すべての生物にとっての環境を対象とすべきとする意見や，自然自体に尊厳性を認めその保存を求めるという考えもある．これらの点については，議論が分かれるところであるが，本書では，人間・社会を中心に環境を考えることにする．ただし，このことがただちに人間にとっての近視眼的な功利主義を意味するものではないことは確認しておきたい．

　次に，現代の環境問題と，かつての公害問題との違いについてふれておく．公害問題では，たいていの場合，加害者と被害者の特定が可能で，かつ，これらは別のグループであった．また，被害が特定の地域に限定されることが多かった．もちろん，このことは，公害が限定された範囲だけの問題ということではない．当時の社会・経済のひずみが凝縮されてその地域に現れたという一面があり，その意味では社会全体の問題であった．しかし，公害問題

表1.1 日本における主な公害問題の歴史

古代	奈良大仏建立時に水銀・金アマルガムを用いた塗金により水銀被害があったといわれる
江戸時代−	各地鉱山における公害（労働者の健康被害，農業被害）
明治−昭和	足尾銅山（栃木県渡良瀬川流域；銅，鉄等の鉱毒，硫黄酸化物の煙害による水田・森林・漁業被害，田中正造直訴（1901））
	別子銅山（愛媛；銅精錬で発生する硫黄酸化物の煙害）など
1950年代−	水俣病（熊本；化学工場からのメチル水銀，健康被害，漁業被害）
1967年−	四大公害訴訟（富山イタイイタイ病，熊本水俣病，新潟水俣病，四日市喘息）

には，次節で述べるような現代の環境問題との違いが明らかにある．平成4年版『環境白書』には，「公害の状況に関する年次報告」として，大気，水質，土壌・地盤，騒音・振動，悪臭，廃棄物等の現状について述べられているが，副題をみると，「持続可能な未来の地球への日本の挑戦」とあり，公害型から現代型環境問題への移行期であったことをうかがわせる．

表1.1に，日本における過去の主要な公害問題をあげておく．

1.3 現代の環境問題の特徴

いまも，公害問題が決してなくなったわけではないし，本質的に変わらない面もあるが，現代の環境問題は以下にあげるいくつかの特徴が顕著になっている．

1）人間活動の飛躍的拡大

図1.1に示すように，人間活動，すなわち，人口および一人当たりの活動（生産，消費，廃棄）が飛躍的に増大した．このことにより，人類は豊かで安全な生活を獲得した代わりに，多くの地域規模あるいは地球規模の問題を引き起こした．

2）時空の拡大

まず，原因となる事象と結果（被害）の及ぶ範囲が時間的にも空間的にも

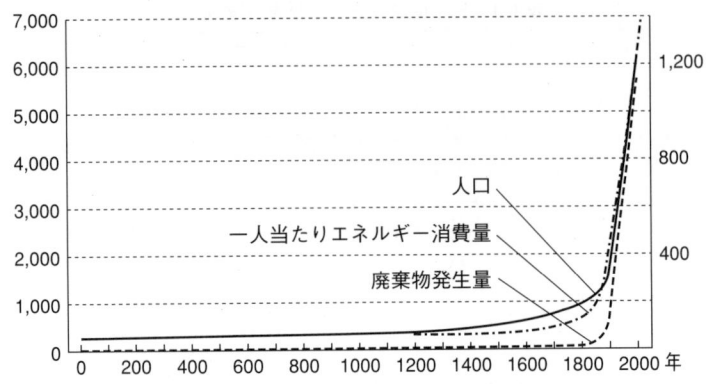

図 1.1　人間活動の増大
人口（左軸，単位 100 万人），一人当たりエネルギー消費量（右軸，単位 MJ/人・日），2004 年は約 1,800 MJ/人・日），廃棄物発生量（左軸，単位 100 万 t/年）の変化．
(『循環型社会白書（平成 13 年版）』（環境省，2001），総合研究開発機構資料（エネルギーを考える）（1979）を元に作図）

拡大した．例えば，地球温暖化の問題は，数世代以上先の人間社会に及ぼす影響であり，大量のエネルギー消費を要する人間活動そのものが発生する温室効果ガスが問題となっている．他方，公害問題では，被害の発生までに時間がかかることはあっても，未来の数世代以上に関わる因果関係を問題とすることはあまりなかった．後述するが，対象とする現象が時間的に拡大したことにより，対策技術を考えるうえで，「時間軸」の正しい把握が重要になる．

空間的な拡大の例には，大気中の硫黄酸化物がある．硫黄を含む化石燃料の使用により発生する硫黄酸化物が，大気の流れや拡散によってはるか離れた国や地域に酸性雨を降らせる結果となる．また，先進国で使用するある種の物質が大気や海洋を移動して極地に至り，極地生物に対する悪影響が懸念されたりする．なお，地域の環境問題が実は地球規模の現象の影響下にあることや（対流圏オゾンなど），逆に，地球規模の問題とされているものが実は地域間で非常に異なることがある（地球平均気温の変化など）．

3）因果関係の複雑さと不確実性

公害問題においても，因果関係の特定は容易ではなかったが，現代の環境問題では，因果関係の解明がいっそう難しい．第1の理由は，上記のように因果関係に関わる時空領域が著しく拡大したことである．第2の理由は，類似の結果をもたらす原因が多数あることで，例えば，大気中の窒素酸化物や揮発性有機化合物の発生源は，各種の工場，家庭・事務所，自動車などであり，それらの影響の程度もさまざまである．地球温暖化においても，温室効果ガスは多種類あり，それぞれの発生源も一つではない．さらに，地球の平均気温の変動は太陽活動の変化に同期していて，温室効果ガスよりも太陽活動のほうが主要な原因とする考えにも説得力がある．さらに，以下に述べる事情により複雑さが増す．

4）加害者・被害者の関係

自動車排ガスの影響に関しては，加害者も被害者も，相当部分が不特定な一般市民であり，市民は加害者であると同時に被害者でもある．また，因果関係の特定が困難なだけでなく，利害関係が複雑であり，誰のためにどんな対策を立てるかについて社会の合意を得ることが困難な場合が珍しくない．

5）トレードオフ関係

トレードオフ（相反）関係とは，「あちらを立てればこちらが立たない」という関係である．人間活動が膨張した現代社会では，ある活動は，かならずその目的とは別の効果をもたらす．その結果，予想外の問題が起こることがしばしばある．ペルーで，発がん作用を危惧して飲料水の塩素殺菌をやめたところ，飲料水中の病原菌が増えて30万人ものコレラ患者が発生した例や，スリランカで，残留性が高い塩素系有機殺虫剤（DDT）の使用を禁止した結果，いったん終息していたマラリア媒介蚊が再び急増して200万人を超えるマラリア病患者が発生した例がある．また，エジプトのアスワンダムが一時的には広い地域の灌漑に役立ったが，洪水がないためその地域に塩類が蓄積し，近年では，その除去に多大の労力とコストがかかっているという．

6）南北問題

　地球規模の社会・経済問題である．北半球に多く存在する先進国に世界人口の3分の1程度が住んでいるが，これらが全体の資源やエネルギーの3分の2以上を消費している．南半球に多い発展途上国は，人口が多いにもかかわらず消費量は小さい．しかも，先進国と途上国の物質的な生活水準の格差（所得格差）は広がり続けているのが現状である．このような南北の大きな格差が引き起こす問題を南北問題という．南北という表現は大西洋中心の表現という感を免れないが，それはさておき，先進国と途上国の格差と利害関係は，世界規模で環境問題を考えるとき，避けて通れない問題である（第3章コラム（p.40）参照）．

7）対策の立案と合意形成の困難さ

　上述の特徴，つまり，因果関係の不確実さや利害関係の複雑さのゆえに，問題解決の対策を見いだすことも，その対策が最適であることを多くの人に納得してもらうこと（社会的合意の形成）も大変難しい．さらに，環境に良いと思ってしたことが，しばしば逆に悪影響をもたらすことにも留意しておかねばならない．何が本当に環境に良いことかがわかりにくいことや，どんな環境を良いと考えるかが人によって違っていることも，現代の環境問題の端的な特徴であり難しさでもある．

　以上の対比を単純化してまとめると，**表1.2**のようになる．

表1.2　公害問題と現代の環境問題の対比

	公害問題	現代の環境問題
時間・空間領域	限定的	広域，長期
因果関係	簡単ではないが解明しうる	解明が格段に困難
不確実性	より低い	より高い
被害者・加害者の関係	通常，限定的かつ別人	（共通の）不特定多数の場合が多い
利害関係	多くの場合，明白	複雑で不明確

1.4 持続・循環・定常

1.4.1 持続性がなぜ問題なのか

近代科学・技術を活用して20世紀に急速な発展をとげた文明は，大いなる物質的豊かさ，人口増加と長寿命を，主として先進国に住む人類にもたらした．しかし，それらは，安価で大量な資源供給を前提とする大量生産・消費・廃棄型の経済社会を基礎としたものであり，今後も長期にわたってその体制を持続することは難しいことがわかってきた．具体的には以下の各章でふれるが，資源，エネルギー供給にかげりがみえ始めているし，人間活動に基づく環境変化も許容限界を超えるのではないかと危惧されている．有限な地球の上で，いかにすれば豊かな社会を持続できるのか，あるいは，より豊かになれるのか，これは人類がまだ解答を出せていない問題である．この問いは，1972年の国連人間環境会議の提案やローマクラブの「成長の限界」の警告から，「われら共有の未来」や「持続可能な発展」の概念を経て，1992年の地球サミット（アジェンダ21），2002年のヨハネスブルグサミット（貧困の克服）と進むに従い，人類にとってますます重い課題となっている．

図1.2は，1992年「限界を超えて」で発表された予測シナリオの一つである（「成長の限界」の改訂版）．これらの予測には，不確定要因が多いが，現状のまま進行すると遠くない将来に破綻に至るとの予測は間違いあるまい．

科学以外の分野でも人類社会の破綻はしばしば予見されている．例えば，『風の谷のナウシカ』（宮崎 駿 作，徳間書店，2001）には，"ユーラシア大陸の西のはずれに発生した産業文明は，…，1000年後に絶頂期に達し，やがて急激な衰退をむかえることになった … その後産業文明は再建されることなく，長いたそがれの時代を人類は生きることになった"とある．約800年後とだいぶ先ではあるが，破綻が予見されている．ただし，原因は戦争である．

図1.3は，約半世紀前に経済発展と所得格差の関係について提案され，近年，環境問題に転用され，環境クズネッツ曲線といわれるものである．人間

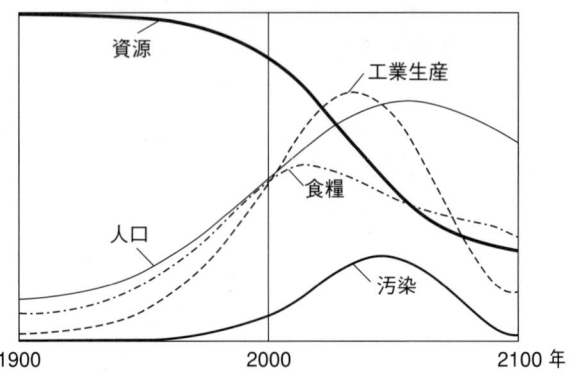

図1.2 21世紀の予測シナリオ例（資源，人口，食糧，工業生産，環境汚染）
資源量2倍増，環境技術導入を仮定．
(メドウズら『限界を超えて－生きるための選択』(松橋隆治・村井昌子 訳)（ダイヤモンド社，1992）より改変).

活動の進展と共に生活水準（所得水準）は向上するが，それに伴い，人間活動のもたらす環境負荷・各種リスクも増加する．これを各種の技術的あるいは政策的な努力によりこの増加を反転させて逆向きにできるか否かが論点である．いま，先進国は，何とかその反転を実現しようと努力している（図にあるUターン曲線）．窒素酸化物や硫黄酸化物の排出のように効果があがって減少している例もあるが，二酸化炭素の場合のように増え続けてUターンを実現することが難しいものもある．このような場合には，後述するように縦軸だけでなく横軸の見直しが不可欠であろう．

この図は南北問題を考えるうえでも有用である（第3章コラム (p.40) 参照）．人口の多い発展途上国は，当然のことながら，先進国のあとを追っている．しかし，もし，途上国がこの曲線の上をそのままたどって先進国の歩んだ道を進むと（中国，インド，ブラジル，ロシアなどが急速にたどりつつあるシナリオ），おそらく，地球の有するエネルギー，食糧などの許容量をたちどころに超えてしまうであろう．したがって，先進国と途上国は協力して，こ

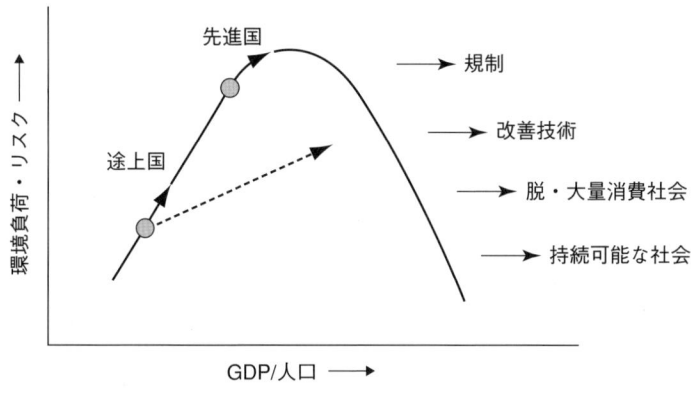

図1.3　環境クズネッツ曲線　　（Kuznets（1955）より改変）

の曲線にみられるUターン曲線を実現せねば，地球上における人間社会の持続性はおぼつかないのである．

1.4.2　持続可能な社会と循環型社会

「持続」(sustainability) とは，変化がないことではない．地球も，人類の生活や環境も，過去に大きな変化をしてきたことを考えると，持続可能な社会とは，相当の期間にわたって，ひどく不都合な変化が急激に起こることなく，多くの人が，未来が良くなるとの希望がもてて（あるいは，将来の生活にあまり不安を抱かず），ほどほどに良い毎日を送れる社会ではないだろうか．

　自然界では，持続と循環は密接に関係している．生物は循環・再生しながら種を持続する．多くの植物は四季に同期して循環するが，動物の周期にはもっと長いものや短いものもある．一方，炭素，窒素，酸素などの元素は，形を変えながら大量に地球規模で循環している．こちらも一巡するのに10日程度かかるものから千年レベルのものまである．これらの循環は，いずれも太陽エネルギーが主な駆動力であり，太陽エネルギーのおかげで，地球上の秩序が保たれている．ちょうど，人が，食糧などの摂取によりエネルギー

を補給して，個体を維持しているのに似ている．

ところが，持続可能な社会と循環型社会の関係となると，自然界とはまったく違う．使用済みの物質・材料をリサイクル，再利用することを循環と呼び，全消費量に対する循環量の割合が大きい社会を循環型社会というが，この循環には，通常，大量のエネルギーを必要とする．ところが，後述するように，そのエネルギーの大部分は，当分の間，化石エネルギーに頼らざるをえないので，いわば強制循環である．したがって，循環に適した材料は，製造時のエネルギー消費が大きいものや資源的に希少なもの，回収分別・再生が容易なものに限定されることになる．つまり，リサイクルが常に良いわけではない．また，循環は「持続」のための手段であって決して目的ではない．手段を目的化してしまわぬよう注意が必要である．

1.5 基本的な考え方

1.5.1 安全と安心

安全は環境問題を考えるうえでも欠かせない重要な概念である．人間，生態系に及ぶ危害（リスク，後述）が許容限界以下の場合を安全といい，リスクを許容限界以下に保つための学術を安全学という．

世の中には"絶対の安全"（ゼロリスク）はなく，どの程度の安全（リスクの小ささ）かという「程度の問題」があるだけである．また，安全は，不断の努力によって獲得されるもので，その努力にはエネルギーやコストがかかり，それらの必要量は，要求する安全度を高くすればするほど指数関数的に増大するのが普通である．したがって，得られる安全のレベルと必要とされる努力をはかりにかけて，つまりコストパフォーマンスを考えて適当な安全のレベルを選ぶことになる．

なお，安心と安全は別の概念であり，人が安全であると判断する心の状態が安心である．危険に気づかないという「無知による安心」があったり，安

心して安全のための努力がおろそかになると,「安心は危険の始まり」ということになったりする.このように,安心と安全は密接に関係するが,別ものである.

1.5.2 リスク

リスクとは,ある事象を原因として,その結果起こると予想される危害の確率と危害の大きさで決まる危害の期待値である.例えば,化学物質の健康に対するリスクは,近似的にその物質のハザード(有害性)と暴露(摂取)量の積で評価される((1.1)式)(第6章参照).

$$\text{リスク} = \text{ハザード} \times \text{暴露量} \qquad (1.1)$$

化学物質の爆発や火災などの物理化学的なリスク,さらに製品のリスクなども,(1.1)式と同様に,「事故による危害の大きさ」と「その事故の起こる確率」の積で近似的に評価される.

リスク評価においてもう一つの大事なことは,トレードオフ関係の存在である.前述したペルーやスリランカの例(p.5)のように,ある対策を実施すると必ず別のところに影響が出て,かえってリスクが高くなることがある.したがって,予想されるいくつものリスクを総合的・多面的に比較したうえで対策の妥当性を判断せねばならない.これを「リスク間比較」という.また,ある行為にリスクがあっても,ベネフィット(便益)が大きければ,あえてその行為を選択することもある.自動車や医療は,リスクが少なからずあるにもかかわらず,多くの人がすすんで利用する.これは,「リスク−ベネフィット比較」により,リスクを凌駕するほどに便益が大きいと期待するためである.

1.5.3 環境と経済

環境と経済の関係には二つの側面がある.良い環境を維持するには,エネルギー,資源を必要とするだけではなくコストもかかり経済性を考慮せねば

ならないことと，環境問題の多くが人間の経済活動に起因しているので，その解決には経済を抜きには考えられないことの二つである．いくら環境に良い対策であっても，コストがかかりすぎては社会が負担しきれないし，また，経済活動を抑制しすぎては良い対策とはいえない．環境の維持・改善と経済の発展が両立する手段が好ましいのだが，現実には両立が難しい場合も多いので，両者を調整してバランスをとることが大事である．幸い，両立に成功した事例も次第に増えている．もっとも，本当に両立したのか否かの合理的な判断もけっこう難しい．間違った判断のつけは最終的には社会全体が支払うことになるから，今後は，合理的な判断が，科学者・技術者にも一般市民にも求められる．

持続可能な発展 (Sustainable Development)

1972年に開催された国連人間環境会議（ストックホルム会議）で，地球規模の環境破壊対策が論議され，国連環境計画 (UNEP) が創設された．同年には，ローマクラブが「成長の限界」という報告書を発表し，人間活動がこのまま物質的規模を拡大し続ければ，近い将来，資源の制約や環境破壊のため人間社会は破綻すると警告した．1987年，環境と開発に関する世界会議（議長：ブルントラント）は報告書「われら共有の未来 (Our Common Future)」の中で，"持続可能な発展（開発）" の概念を提言した．その定義は，「将来の世代がその欲求を満たすための能力を損なうことなく，現代の世代の欲求を満たす発展（開発）」であった．この持続可能な発展の考えは，1992年にリオデジャネイロで開催された記念すべき国連会議（いわゆる地球サミット）に引き継がれ，具体的な行動計画として「アジェンダ21」が採択された．その10年後，2002年のヨハネスブルグの国連会議では，南北問題と持続可能性が最重要な課題として議論され，このとき，「化学物質のリスク評価を基礎に，2020年までにその悪影響を最小にする」との提言を含むヨハネスブルグ宣言も出された．なお，「成長の限界」以降，同じグループにより1992, 2004年に改訂版が発表されている．

持続可能な発展の定義には、さまざまなものがある。ローマクラブの報告における持続可能な発展は、以下にあげるデイリーの考えを基礎とした、大変厳しく実現の困難なものである。（1）再生可能な資源（土壌、水、森林、魚等）の利用速度は、再生速度を超えない、（2）再生不可能な資源（化石燃料、鉱物資源）の利用速度は、持続可能な資源で代替しうる限度以内、（3）汚染物質の排出速度は、自然の浄化速度を超えない。ブルントラント委員会の報告では、（1）はほぼ同じだが、（2）は、"自然への好ましくない影響を最小にし、生態系全体の保全を図る（自然のシステムを危険にさらさない）開発ならよい"となっている。さらに、資源開発、投資と技術開発の方向の変革に期待し、利用限界の多様性を容認するなど、枯渇資源からの脱却に関しては、柔軟な条件になっている。

国際連合のマーク

演習問題

[1] 現代の環境問題の特徴を、1970年代までの公害問題と比較して、共通点と相違点を説明せよ。
[2] 持続してほしい未来の社会とはどんな社会だろうか。日本と世界の両方について考えてみよう。また、最低いつまで持続することを期待するか。自分の考えを述べよ。
[3] 環境クズネッツ曲線に従って変化している環境負荷と増加し続ける環境負荷がある。それぞれ具体例をあげて、なぜそうなっているか理由を考察せよ。
[4] 地球の平均気温は20世紀中に約0.6℃上昇したが、これは一日や年間の気温変化の大きさと比べると体感できる変化とは思えない。他方、最近、地球温暖化により気温が上がったと感じる人が多いとか、氷河が融けて小さくなったとか報道される。この実感の違いはなぜ起こるのだろうか。考えてみよ。

第 2 章　自然環境の現状

自然環境，生態系に関して過去と現在の状況を地球規模で学び，現代の人類がどのような時間的・空間的な位置にいるのかを客観的に理解すると共に，今後，人類が向かうべき方向を長期的・広域的に考える．

2.1　地球と人類

2.1.1　地球システム

地球環境をシステムとしてとらえる場合，まず，その長さと時間の次元およびその階層的な構造を知っておく必要がある．長さ次元では，宇宙（銀河系，約10万光年），太陽系，地球（直径約6,000 km），人類が生活する地球表面のごく近傍（深海から対流圏上端まで約20 km）がある．人間の活動が，150億光年離れた天体の観測からナノメートル以下の加工（ナノテクノロジー）までの広域に関わっていることにも留意しておくとよい．

時間軸では，ビッグバン（約150億年前），地球誕生（約46億年前），生物誕生（約40億年前），ホモ サピエンスの誕生（約20万年前か）から文明の歴史が知られる最近の5,000年余がある．地球システムの構成要素もさまざまであり，大気（気圏），水（水圏），土（地圏）の自然システム，人を含む生物からなる生態システム（生物圏），人間社会のシステムがある．これらのシステム間やそれらの構成要素間の相互作用も，物質，エネルギー，情報それぞれの観点でとらえることができる．このように，次元の異なる多数の要素が多様な相互作用をしつつ時間的に変化しているのが地球システムである（図

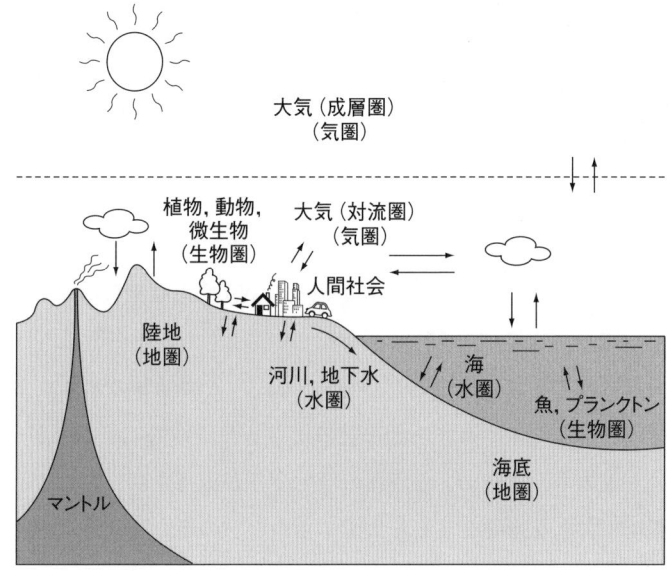

図 2.1 地球システムの概念図（地表近傍）：構成要素と物質の移動

2.1）．

　地球表面に供給されるエネルギーの源は，太陽からの放射エネルギー，地中のマントルのエネルギー，地球の回転エネルギーである．通常時はマントルや回転の影響は太陽エネルギーに比べると小さい．また，人間活動のエネルギーは太陽からのエネルギーやマントルのエネルギーに比べると圧倒的に小さい．しかし，人類の時間軸でみると，人間活動に基づく影響が急速に地表全体に顕在化しつつある．生物圏が自然に大きな影響を与えた過去の例としては，約 20〜30 億年前のシアノバクテリア（藍藻類）の繁殖による大気中の酸素濃度の増加があげられる．

　太陽から地球に到達するエネルギーは約 178,000 TW（約 130 兆石油換算 t/年；$T = 10^{12}$），そのうち反射されずに地表に届き吸収されるエネルギーは約 70 %，地表から放射され宇宙に散逸するエネルギーはこれとほぼ等しい．太陽からのエネルギーの地表平均密度は，垂直照射の場合で約 1 kW m^{-2} とな

る．地表に届いたエネルギーは宇宙に放出されるまでの間に，地表において，水の蒸発（雨や雪になり循環する），大気の流動（風，波），植物の光合成（炭酸同化作用）に用いられる．地表に届く太陽エネルギーの約半分は水の蒸発に消費され，光合成には約 100 TW が使われる（地上に届く太陽エネルギーの約 0.1 ％）．地上の植物が有機物として固定化し利用する太陽エネルギーの量（総一次生産）から植物の呼吸で失われる分を引いたものを純一次生産という．人類のエネルギー総消費量は約 13 TW（約 100 億石油換算 t/年）であるから，純一次生産の約 15 ％ となる（人類はエネルギー用以外にも植物材料を大量に利用していることに注意）．また，人間活動のエネルギーを太陽から投入される全エネルギーと単純に比べると圧倒的に小さいが（約 2 万分の 1），太陽エネルギーにより現在の環境全体が維持されていることを考えると，環境に大きな影響を与える太陽エネルギーの新たな利用は慎重にしなければならない．間接的であっても，人間社会に相当に影響するからである．これらのエネルギーフローの定量的な関係を図 2.2 に示す．

　地表に届くエネルギーと放出されるエネルギーはおよそバランスしているので，地表の温度はほぼ一定に保たれる．しかし，地球に届くエネルギーは太陽表面からの質の高い高温のエネルギー（約 6,000 K．エントロピーが小さい）であるが，地球から放出されるときは地表の平均気温 15 ℃（288 K）程度の質の低いエネルギーになっている（エントロピーが大きい）．つまり，孤立系のエントロピーは放っておけば増加し続けるので，地球は，低エントロピーの太陽エネルギーを吸収し，高エントロピーのエネルギーを放出することによって，秩序を保ちつつ（低エントロピー状態の維持），さまざまな地表の営みを成立させているのである．

　水圏，大気圏も重層的な構造をもって変化している（2.3, 2.4 節参照）．海洋の深層流と表層流は，寒冷地で入れ替わりながら三つの大洋にまたがった 1,000 年のオーダーで大循環をしているという．他方，水は蒸発と降雨により，10 日程度で一巡する．大気は，地表から上空に向かって対流圏，成層圏，

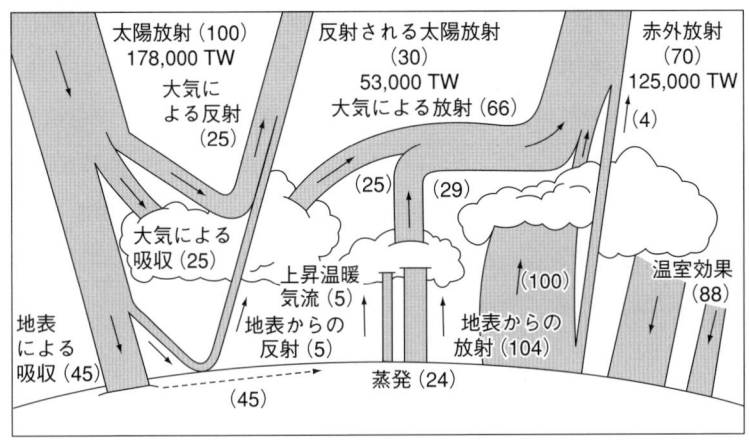

図 2.2 エネルギー移動からみた地球システム（地表付近）の概要
太陽からの放射エネルギーを 100 とする．（Schneider（1987）を元に作図）

中間圏，熱圏の層構造を形成している．これらは，地表の変化と，太陽から投入されるエネルギーや宇宙から飛来する粒子との間の動的なバランスのうえに成立している．

2.1.2 人類の歴史

地球と生物の歴史はコラム（p.24）に述べる．今の人類は，猿人（二足歩行），原人（火の使用），旧人（ネアンデルタール人．道具，初期言語の使用）に続いて誕生した新人（クロマニヨン人．ホモ サピエンス．道具，複雑な言語の使用）である．最後の氷河期（ウルム氷河期）が終わる約 1 万年前ごろには，ホモ サピエンスが唯一の人類となっていた．高度な言語を取得したホモ サピエンスだけが，共同作業により寒冷期の食糧難を生き抜くことができたとされる．ウルム氷河期が終わり気候が比較的安定した時代を迎えると，人類は約 7,000 年前ごろから農耕を始めて定住するようになった[†]．エ

[†] 次の氷河期は約 10 万年先に予測されるが，それ以前に ± 数℃の変化が 1 万年周期で起こることが指摘されている．

ジプト，メソポタミア，インダス川流域，黄河流域に四大文明が展開したのが BC 3500～1000 年．その後，何度かの農業上の革命的進歩を経て人口が増加したが，18 世紀に始まる産業革命までは世界の人口は 4～7 億人で，その増加は顕著ではなかった．人口の増加とエネルギーの消費が劇的に増えたのは 20 世紀であり，人口は 100 年間で 16 億人から 60 億人に増加した．人口の変化と共にエネルギー消費量と廃棄物量は図 1.1 (p. 4) に示すようにさらに急速に増加したのである．

2.2 物質循環

炭素，窒素，酸素などの元素は，形を変えつつ地球の表面層近傍（大気，土，水）を循環している．炭素の例を図 2.3 に示す．窒素，酸素については文献を参照されたい（例えば，季刊化学総説 10『大気の化学』(日本化学会，1990)）．水については 2.4 節で述べる．

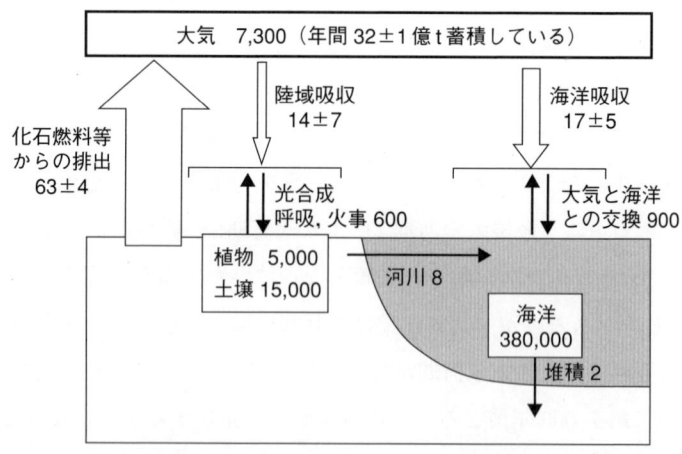

図 2.3　炭素の循環からみた地球システム　　単位は 億 t/年 (炭素基準)．
　　　　（IPCC 報告（2000）のデータを元に作図）

2.3 大気

現在の大気は，図2.4 に示す構造をもっている．地表から約 10 km までが対流圏で，天候，農業など人間生活に深く関わる部分である．その上空に成層圏（地上 10 〜 50 km）があり，その中の地上から 25 〜 40 km の領域がオゾン濃度の比較的高いいわゆるオゾン層である．といっても，オゾンの濃度は非常に低い．さらに上空に向かって，中間圏，熱圏（電離層を含む）と続く．このような上空では，物質の密度はきわめて小さい．図2.4 には地上から上空に向かっての温度変化も示してある．上空で存在する物質種や温度は，宇

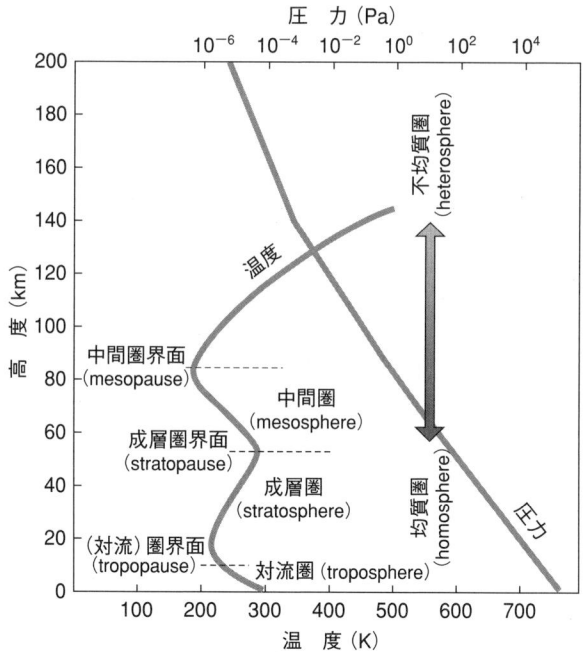

図 2.4 大気の構造と温度，圧力の高度による変化
超高層（地上 1,000 km 以上）では水素，ヘリウムが主成分となる．
（アンドリューズら『地球環境化学入門』（改訂版）（渡辺 正 訳）
（シュプリンガー・フェアラーク東京，2005）より改変）

宙からの粒子や電磁波と気体との反応で決まる．大気組成は脚注[†1]に示す．

地球温暖化の原因とされる温室効果ガスの産業革命前と2000年の濃度を比較すると，二酸化炭素とメタンは漸増傾向，オゾンはほぼ一定，CFC（クロロフルオロカーボン；フロン）はいったん増加して今は減少しつつある（脚注[†2]）．水蒸気は温室効果の大きい気体で，その濃度は二酸化炭素の約10倍あるが，地上の水とバランスしているので大きな変動はないとされる．

大気の組成は，地球誕生以来激変しているが，われわれが当面関心をもっているのは，100〜1,000年オーダーの濃度変化と，それによる温暖化をはじめとする各種の影響である．図2.5は，地球温暖化問題の契機となった地球の過去の平均気温変化の推定値と，それに対してその後，別のグループから出された修正提案である．現在の地球平均気温を求めることも簡単ではないが，過去の平均気温の推定は，大変難しい作業で誤差も大きくなりやすい．

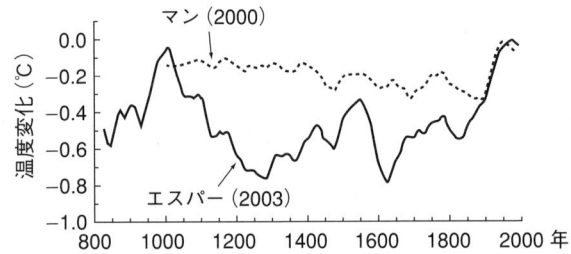

図2.5　過去における地球平均気温の推定結果
IPCCが採用したマンの結果（2000）とその後報告された
エスパーの結果（2003）．
（伊藤公徳『地球温暖化』（日本評論社，2003）より改変）

[†1] 大気の組成：対流圏，成層圏では窒素78％，酸素21％，水0.3％，二酸化炭素0.03％，アルゴン1％．熱圏（電離層を含む）の主成分は窒素，酸素の原子とそのイオン種である．密度はきわめて小さい．

[†2] 温室効果ガス（産業革命前と2000年の比較）：二酸化炭素（280 → 370 ppm．毎年約1 ppm程度増加），メタン（0.7 → 1.8 ppm），オゾン（対流圏；30 ppb，成層圏；2-8 ppm（2002）），CFC（0 → 0.8 ppb）

図2.5の一方の例（マン，2000）は，ずっと低下傾向にあった気温が近年になって急に上昇し始めていて地球温暖化が大問題となる契機となったものであるが，修正提案（エスパー，2003）では，千年くらい昔も現在なみに気温が高い．この例からも問題の複雑さが理解されよう（4.2節，11.2節参照）．

2.4 水

地球上に存在する水のほとんどが海水である．淡水は3％で，それも氷と地下深く存在する地下水が大部分であり，利用可能な地表付近の淡水は，水全体の0.03％程度にすぎない（脚注†）．水は，蒸発，降雨等による凝縮を繰り返し循環していて，その周期は10日程度である．

世界の平均降水量は約900 mm/年であるが，場所によって大差があり，年降水量200〜300 mm以下の乾燥地（植生の限界）から，赤道付近の2,000〜4,000 mmまでさまざまである．日本は，約1,700 mm．地表における水の循環は，降水と蒸発が大部分で，降水のうち20％が陸上に降り，その約60％は蒸発散で失われ，残りの約40％が表流水と地下水として水資源になるので，その量は全降水量の10％以下である．表面近傍の河川や地下水となる水量のうち，利用のため取水する水量の割合を水ストレスという．今後，世界の水ストレスは増大すると予想されている（3.3節参照）．

2.5 土 壌

地殻は，主に火成岩と変成岩からなる岩石層で，地球の表面近くに存在す

---

† 地球における水の存在量：地球上に13〜14億km^{3}存在．海水97％，残る3％の淡水のうち，70％が氷で，地下水が29％．利用可能な地表付近の淡水は，水全体の0.03％程度．その他，土壌中の水が全体の0.005％，大気中の水蒸気が0.001％，河川の水はその10分の1である．

る 35 km のごく薄い層である．その表面に堆積層（泥岩，砂岩など）が約 5 km の厚さで存在するが，その一部が生態系にとって重要な土壌に変化している．地殻の構成元素は，重量で，酸素 46.6 %，ケイ素 27.7 %，アルミニウム 8.1 %，鉄 5.0 %，カルシウム 3.6 % などである．

土壌は，岩石が風化してできた微粒子状の鉱物の表面に動植物，微生物やその死骸・分解物が堆積したものである．土壌は，植物生育の源であり，生態圏の重要な構成要素といえる．土地の劣化とは，土壌面積（耕地を含む）の減少を指すが，1980 年代に人間活動により 17 % 減少した．その内訳は，第 4 章 表 4.2 (p.55) に示すように，過放牧，森林伐採，不適切な農業などである．土地劣化には，風雨，洪水などの自然現象の寄与も大きい．（有害）化学物質による劣化もあるがその寄与は小さく (4.4 節参照)，この場合，土地劣化よりも人に対する健康影響のほうが問題となる．

2.6 生物圏

2.6.1 生物圏の構成

生物圏（生態圏）[†] は，人間，動物，植物，微生物等の生物から構成される．生物とその環境の相互作用まで生物圏に含めて考えることもある．生物は，陸圏生物，水圏生物，大気圏生物に分けることができる．ただし，大気圏生物の寄与は小さい．生物の分類の仕方には諸説があるが，6 界説では，細菌界，古細菌界，原生生物界，植物界，菌界，動物界の 6 界に分類される．細菌と古細菌は，細胞に核のない原核生物かつ単細胞で，あとの 4 界は核のある真核生物である．

[†] 生物圏は，人間，動物（哺乳類，鳥類，魚類，昆虫），植物（森林，草，藻類），微生物（プランクトン，ミジンコ類，細菌）等の生物からなる．微生物には，細菌（バクテリア），古細菌（アーキア），カビ（菌糸），酵母（菌糸なし），キノコ（菌糸，糸状体），藻類，原生動物（アメーバ，ゾウリムシなど）がある．ただし，微生物に原生動物，キノコを含めない場合や，生物と非生物の中間のウイルスを含める場合もある．

微生物は，人間を含む生態系においても，物質の生産と分解を通して重要な役割を果たしている．生産者として，植物が必要とする窒素を固定し硝酸を合成するものや，また，植物と同様に光合成を行うものがあり，食物連鎖，生物ピラミッドを支える基本的な生物群である．細菌類はまた，油や生物とその死骸，排泄物を分解して簡単な物質に変える分解者にもなる．他方，有用物質を分解することも，他の生物に有害な物質を産生することもある．

既知の生物 150 万種の大部分は動物（半分は昆虫）と高等植物であるが，未知のものを含めると，全体では 1 千万～1 億種にのぼると推定されている．例えば，微生物には非常に多くの種類があり，あらゆるところに生存するといってよいくらいである．そのうち既知のものは，約 1 % にすぎないともいわれている．これら生物種の多様性を維持するために，国際的に生物多様性条約が締結されたが，現実には絶滅する生物種は増え続けている．多様性が必要な理由として，生物多様性それ自体を自然の保護すべき豊かさと感じる人もいるし，多様性に富んでいるほうが生態系は安定するからよいと主張する人もいる．多様性の急激な減少には誰もが反対するが，絶滅種を皆無にすることはできないことであろう．

2.6.2　生物種間の関係

いうまでもなく，生物は互いに依存して生存している．人間は穀物から炭水化物を摂取し動物からタンパク質を得ている．同様に，他の動物も別種の生物種を栄養源として，微生物から哺乳類に至るピラミッドのような食物連鎖が形成される．通常，ピラミッドの上に行くほど生物量（個体数 × 個体重量）は小さくなる．この食物連鎖によって，特定の物質が生物ピラミッドを登るに従い蓄積・濃縮されていくことがあり，生物濃縮といわれる．生物ピラミッドの例を図 2.6 に示す．また，食物連鎖以外にも異なる生物種が補完的に共生している場合もある（p.26 のコラム参照）．人類も生物種間あるいは自然環境との間の微妙なバランスの中に生存するが，人類がこのバランス

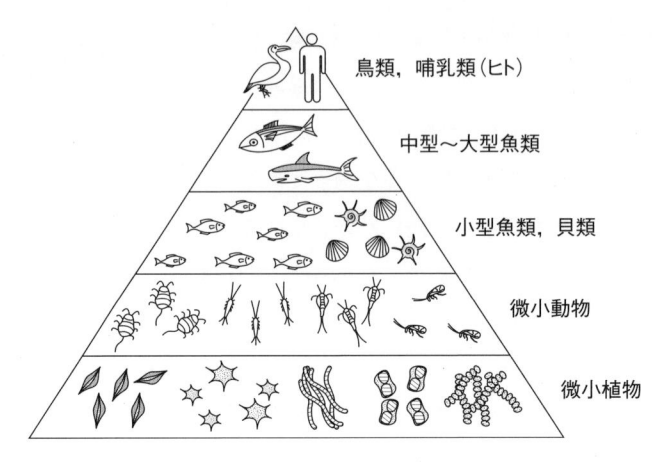

図 2.6　海洋における生物ピラミッド
生物量（個体重量×個体数）はピラミッドの上位ほど小さい．

やその仕組みをまだ十分に理解しているわけではないので，それらの急激な変化は避けるようにしたほうが賢明であろう．

　人が環境に与える影響は大きい．生態系に対しては，植林，養殖，栽培，牧畜により生物を増やし，森林伐採，狩猟，漁業により減らしている．大気圏に対しては，二酸化炭素，窒素酸化物，硫黄酸化物，揮発性有機化合物，臭気等を排出し，土圏からは，化石資源，鉱物資源を採取し，有機・無機化合物，固形廃棄物を排出している．水圏との相互作用の内容は，飲料水，生活用水，工業用水，農業用水，生活排水，工業排水，水産業である．

地球と生物の歴史

　小惑星の合体により地球が形成された当時，重力で発生した熱により地表は高温の溶融状態にあった（マグマオーシャン）．地球が冷却し地表に岩石が生成するころになって，発生した水蒸気が次第に凝縮して雨となって地表に降り，暖かい海が形成され，まもなく海中に微生物（原始バクテリア）が誕

2.6 生物圏

```
地球の歴史                          生物の歴史

(−46億年) ● ← 地球の誕生
−40億年 ● ← 生命の誕生

プレート運動が激しくなり
大規模造山帯ができる
−25億年 ●
        −26億年 ● 光合成が始まる
        −18億年 ● 酸素呼吸システム
−4億年 ● パンゲア
       大陸
        −12億年 ● 動物と植物が分かれる
        −10億年 ● 多細胞生物の出現
        −4億年 ● 生物が陸上へ進出
−1億年 ● 日本列島の骨格
        ができる
        −2億年 ● 恐竜時代
        −6500万年 ● 恐竜の絶滅
        −500〜−700万年 ● ← 初期人類の出現（猿人）
        −10〜−20万年 ● ホモサピエンスの出現
0 ●(現在)                          0 ●(現在)
```

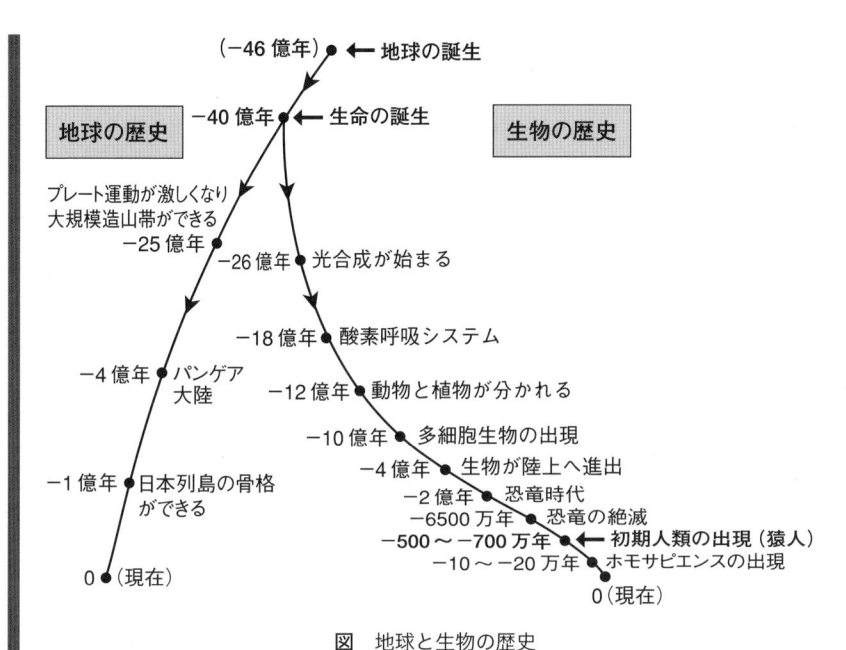

図　地球と生物の歴史
(濱田隆士『地球システムのなかの人間』(岩波書店, 1999) を改変)

生した．その後も隕石の衝突や大陸の激しい移動に伴い，気候，地形，生態系の大きな変動があった．全球凍結が22億年前と6億年前にあったという．大陸移動により一つの大陸（パンゲア大陸）ができた際に（3〜4億年前），高山と河が生まれ，誘発されたマントルの噴出（スーパープルーム）で，全海水が蒸発したこともある（約2.5億年前）．その後も大噴火と大陸の移動は続き，気候に大きな影響を与えた．氷河期は約300万年前から20回近くあったとされる．当然，この間に，大気組成も激変している．とくに，約26億年前から約10億年前にわたって繁茂したシアノバクテリア類（藍藻類）の炭酸同化作用により酸素が生成した結果，大気中の酸素濃度が増し，現代の大気に至っている（図）．

生物はDNAを遺伝情報として共有しており，同じ祖先をもつものと推定される．その祖先から，突然変異と生存競争の長い歴史を経て，多くの種が

生成，消滅し，生き残った少数種がさらに進化・多様化した結果，人類を含む現在の生物圏が形成された．地表全凍結や水の全蒸発により生命の95％が死滅するような大絶滅が何度かあり，その際に，優勢生物種の劇的な交代が起こったとされる．

　このように，生物の種やその形態の変化には自然環境の変化が大きな影響を与えた．恐竜（1億年以上続き約6,500万年前に消滅）やネアンデルタール人（30万年間続き約3万年前に消滅）のように，特定の環境に適合して長期に繁栄すると，次の環境の大きな変化に適応できず滅亡するといわれる．なお，現代の主要なエネルギー源である石油と石炭の起源はそれぞれ，約2億年前のプランクトンと，およそ3億年前の森林と推定される．なお，図および本文中の年代はいまだある程度流動的である．

共　生 (Symbiosis)

　生物は，多くの場合集団を作っている．生態学 (ecology) は，集団の中の相互作用，集団と他の集団や自然環境との相互作用にみられる法則性に関する学問である．同種の生物個体の全体を個体群といい，その構造（縄張り，順位など），密度の変化，他の個体群との相互作用が生態学の対象となる．一定の地域に住むすべての個体群は生物群集と呼ばれる．

　共生 (symbiosis) とは，2種類の生物が密接な関係を保ち，互いに利益を受けあって生活することで，自然界に広く存在している．例えば，アリとアブラムシ，草食動物と腸内細菌（細菌が植物からアミノ酸を合成），地衣植物を構成する藻類と菌類（前者が光合成，後者が前者が生きるための環境を提供），マメ科植物と根粒菌（後者が窒素を固定し前者に栄養分を供給），サメとコバンザメがある．

　片方のみ利益を得る場合を片利共生，片方が利益を，他方は不利益を得る場合を寄生 (parasitism) という．双方が利益を得る上記の場合を相利共生ということもある．イソギンチャクとカクレクマノミの場合，前者が避難場所を提供しているが，後者から利益を得ているか否かは不明．寄生には，昆虫の幼虫に寄生する寄生蜂のように宿主を食い尽くしてしまうものもある．

冬虫夏草も菌が他の生物（昆虫やクモなど）に栄養を全面的に依存する例である．

　2種の生物間では，被食者と捕食者の関係も広く存在する．また，生産者と消費者の関係もある．これらの結果，食物連鎖や食物ネットワークが生じる．このほか，個体群の間には競争とすみわけがあり，競争により一方が生き残る場合も，すみわけにより両者が共存する場合もある．

演習問題

[1] 地表に到達する太陽エネルギーは約 178,000 TW (p. 15) とされる．このエネルギーがどのように使われるか，その行方とその量について調べ，エネルギー収支がとれているか計算してみよ．

[2] 地球には高温の太陽エネルギー（約 6,000 K）が入射され，地球からは低温（15 ℃）のエネルギーが宇宙へ放射される．このときの単位時間当たりのエントロピー収支を計算せよ．

[3] 成層圏と対流圏に存在するオゾンそれぞれが人の健康に及ぼす影響を考察せよ．

[4] 地球上の水の循環にはどのようなものがあるか．

第3章　資源・エネルギーの現状と将来

　人類は，大量の資源とエネルギーを消費しつつ現代の物質文明を発展させたが，この状況はいつまでも続けることができないことが明らかになった．他方，この物質文明を享受していない人々が大勢いることも事実である．本章では，資源とエネルギーの利用状況と今後の見通しについて，なるべく統計データに基づいて解説する．これらについて定量的な正しい認識をすることが，21世紀に，化学技術が果たす役割を考えるうえで不可欠である．

3.1　エネルギー需給

　化石燃料，原子力，水力，風力，地熱など，自然から直接的に獲得するエネルギーを一次エネルギーという．他方，これら一次エネルギーを変換して電気エネルギー，化学エネルギー（例えば，水素，アルコール）などの使いやすい形に変えたものは，二次エネルギーと呼ばれる．人類の生活，特に先進国の生活は，大量のエネルギー消費に支えられているので，いかに一次エネルギーを確保するかは持続可能性にとって基本的な問題である．表3.1を見ると，生存に必要なエネルギー（基礎代謝；1,500 kcal/日）に比較して，日本人が消費するエネルギー（90,000 kcal/日）が，いかに多いかがわかるであろう

表3.1　人間の各種消費エネルギー

一人の基礎代謝エネルギー	70 W	1,500 kcal/日
日本人一人の栄養摂取量	135 W	2,800 kcal/日
消費一次エネルギー	4,300 W	90,000 kcal/日
(石油消費 約5 L/日；全エネルギー消費 石油換算 約11 L/日)		

表 3.2 世界と日本の供給一次エネルギーの構成比（%）と可採年数（年），自給率（%）

全消費量	世界（2003）	可採年数	日本（2003）	日本の自給率
	100 億 TOE ≒ 13 TW		5.2 億 TOE	16.3（原子力を除くと 4%）
石油	35.3	50	49.7	0.1
石炭	24.1	200	20.8	0.8
天然ガス	20.9	60	13.7	3.2
原子力（ウラン）	6.4	80	12.1	2.0
水力	2.2		1.6	
地熱など	0.5		0.8	
CRW[†]	10.7		1.3	

[†] CRW：combustible renewables and wastes；在来型バイオマス（炭，薪，廃棄物）
(『世界国勢図会（2006/07）』，IEA 資料（2005），『エネルギー白書（2006 年版）』より)

（それでも米国の半分．p.40 のコラム参照）．単位の換算表は脚注[†]．

供給一次エネルギーの構成をみたものが**表 3.2** である（供給量と消費量のデータは異なる）．この表には，約 10 % の在来型のバイオマス（薪，木炭）と廃棄物（動物のふん）が含まれていることに注意．世界でみれば，約 35 % が石油で，これに石炭，天然ガスを加えると化石燃料が約 80 % を占めている．日本の場合，石油の占める割合が徐々に減ってきているがほぼ半分である．先進国は共通して原子力の割合が比較的大きい．日本のエネルギーフローを**図 3.1** に示す．日本における用途をみるとエネルギー総消費量は 1.6×10^{15} kJ ≒ 4 億 TOE（供給量は約 5 億 TOE），そのうち，産業用が 48 %，民生 28 %，運輸が 24 % である（2003 年）．いずれにせよ，日本はエネルギー自給率が 16 %（原子力を自給とした場合の値．原子力を除くと自給率 4%）

[†] 単位の換算；
1 cal = 4.18 J
1 kWh = 860 kcal = 8.6×10^{-5} TOE（石油換算 t）= 9.3×10^{-5} kL = 3.6×10^6 J
1 TW = 10^{12} W = 7.5 億 TOE（石油換算 t）/年（なお，発電効率を考慮して換算する場合もあるので注意）
1 TOE（石油換算 t）= 1.08 kL（石油）= 1,000 万 kcal = 4.2×10^{10} J = 1.16×10^4 kWh
1 bbl（バレル）= 159 L = 0.147 TOE

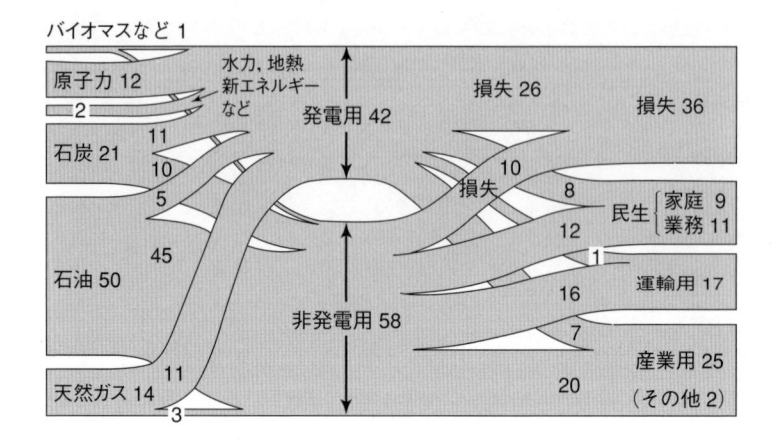

図 3.1 日本のエネルギーフロー図（2002 年）
数字は割合 %（概略値）．最終需要におけるエネルギー利用効率は約 50 % と推定されるので最終的に損失は全体の約 3 分の 2 となる．
（『エネルギー白書（2006 年版）』，『日本国勢図会（2006/07）』のデータを元に，『環境白書（平成 9 ～ 12 年版）』を参考にして作図）

で欧米と比較してきわめて低い．また，日本のエネルギー効率は良いほうだが，それでも二次エネルギーへの変換効率，輸送効率，最終使用時の効率などのため，供給一次エネルギーの約 3 分の 1 しか有効に利用できていない．

一次エネルギーおよび重要な二次エネルギーである電気エネルギーの構成を国別に比較したものを表 3.3 に示す．国によって相当事情が異なることがわかる．

電力をみると，日本の場合（2004 年），発電設備総計 2.7 億 kW，総発電量 1.14 兆 kWh（内訳は表 3.3 参照．新エネルギーは，地熱 0.3 %，太陽光 0.1 %，風力 0.1 % 程度）．用途は，産業，運輸，民生その他が約 3 分の 1 ずつである．一次エネルギーのうち，電力に転換される割合は，世界で約 10 %，日本は約 20 %．電力への転換の割合は徐々に増加する傾向にある．

エネルギーの将来については，2002 ～ 2004 年にかけて，OECD, EU および日本の予測がある．予測の傾向はおおむね類似しているので，OECD の

表 3.3　一次エネルギーと電気エネルギーの構成（%）（2003）

	日本	米国	フランス	ドイツ	英国	カナダ	中国	ブラジル
一次エネルギー								
石油	50	40	34	36	35	35	19	44
天然ガス	14	23	15	23	37	30	3	7
石炭	21	23	5	25	17	12	60	7
原子力	12	9	42	12	10	8	1	2
水力	2	1	2	1	0	11	2	14
地熱など	1	1	0	1	0	0	—	0
CRW[†]	1	3	4	3	1	5	16	26
					（ブラジルの CRW のうちエタノールは 5 %）			
電気エネルギー								
火力	67	73	11	65	30	83		
原子力	23	19	78	28	13	2		
水力	10	8	11	4	58	15		

(世界の電気エネルギー構成；火力 68 %，原子力 16 %，水力 16 %)

[†] CRW：表 3.2 参照
(『世界国勢図会（2006/07）』より)

2004 年の予測を**表 3.4** に示す（発展途上国に多い在来型バイオマス系のエネルギー消費が含まれていることに注意）．2002 年と 2030 年を比較して主な特徴をあげると，

（1）2002 年から 2030 年の間に全エネルギー消費量は約 60 % 増加する．この増加には発展途上国の寄与が大きく，全体に占める割合は 38 %（2002 年）から 48 %（2030 年）に増加する．

（2）一次エネルギー構成は，石油が 36 % から 35 % にわずかに減少するが，石炭，天然ガスを含めた化石燃料の割合は，わずかに増加して 80 %．2030 年の構成は，石油 35 %，石炭 22 %，天然ガス 25 %，原子力 5 %，バイオマス系（在来型バイオマス，廃棄物を含む）が約 10 % となっている．

（3）輸送用エネルギーが増加して全体の 54 % を占め（現在 47 %），そのうち，石油のシェアはほぼ一定．他方，産業，発電，民生用では石炭，天然ガス，原子力の割合が増加する．

表 3.4 世界の一次エネルギー需要（石油換算 100 万 t）

	1971	2002	2010	2020	2030
石炭	1,407	2,389	2,763	3,193	3,601
石油	2,413	3,676	4,308	5,074	5,766
天然ガス	892	2,190	2,703	3,451	4,130
原子力	29	692	778	776	764
水力	104	224	276	321	365
バイオマスと廃棄物	687	1,119	1,264	1,428	1,605
（うち，伝統的バイオマス）	(490)	(763)	(828)	(888)	(920)
他の再生可能エネルギー	4	55	101	162	256
合計	5,536	10,345	12,194	14,404	16,487

(OECD/IEA (2004) より)

　この IEA（国際エネルギー機関）予測に対しては，現状を単純に延長した予測という色彩が強いとか，自然エネルギー・バイオ系新エネルギー利用の促進により化石資源の割合がもっと小さくなるはずだとかの批判があるが，全体の傾向はおそらく正しいと思われる．石油の供給が近い将来にピーク（オイルピーク）を迎えるとの予測もあるが，その時期は，究極埋蔵量，確認埋蔵量の推定値，また，経済の予測，各国の政策等に依存する．非在来型のバイオ系燃料（バイオエタノールなど）は，近年，輸送用燃料などへの積極的な導入策が構想されているが，これらの量的拡大は当分の間（20〜30 年）難しく，全体に占める割合は予測をそう大きく上回ることはないであろう．さらに長期のエネルギー供給については，埋蔵量の推定，新エネルギーの開発が必要だが，これらの見通しはいずれも不透明である．例えば，新規油田の発見が少ないとの見方がある一方，ロシア，中央アジア，西アフリカ等で新油田の開発が現実に進められている．また，供給過剰による価格下落を恐れて開発を抑制しているために生産量が伸びていないとの見解もある．

　世界の石油の確認埋蔵量は，2004 年現在で 1 兆 3,000 億バレル程度とされる．このうち OPEC 諸国が 69 % を占め（中東は 57 %），現在の生産量で割ると，可採年数 84 年となる．非 OPEC は 31 % を占め，可採年数は 25 年で

ある．世界の総生産量は7,100万バレル/日で，OPECが41 %（中東がその3分の2），非OPECが59 %（ロシアがその21 %）を占めている．全体でみると，可採年数は約50年となる（究極埋蔵量では約60年）．石油の確認埋蔵量は，探索と採掘技術の進歩と共に今後も年々増えるが，近年，その増加が鈍化しつつある．これらを考慮して，生産量のピーク（オイルピーク）がいつごろ訪れるかの議論が活発である．確定的にいうことはできないが，楽観的なケースで2040年ごろ以降，悲観的な予想では2010〜2020年となっている．

太陽エネルギーについて再度付言しておく（p.15参照）．地球に到来する太陽エネルギーは約130兆 TOE/年（178,000 TW）で，その約70 %が地表へ到達する．地表におけるエネルギー密度は，$1 kW m^{-2}$（地表に垂直に入射の場合）．人類の消費エネルギーはその約2万分の1である．すでに述べたように，植物，動物の成長・活動，大気，水の移動・循環など，地球上の活動の多くは太陽エネルギーに依存している．植物の光固定化効率は約1 %で，光合成量は，地球に到達したエネルギーの約0.1 %とされる．それでも人類の消費エネルギー（13 TW）より1桁大きい．しかし，光合成量から，呼吸等で消費される量を引いた純一次生産量の約25〜40 %を，人間はすでに直接・間接に消費しつつあるとの試算もあり（『環境白書（平成4年版）』，安井（1998））．太陽エネルギーの活用については，変換技術以外にも考慮すべき問題がある．

3.2 資源と物質のフロー

本節ではエネルギー利用ではない材料としての資源利用について述べる．まず，金属資源であるが，鉄，アルミニウムなど材料として広く大量に利用される金属と，貴金属，ニッケル，モリブデン，希土類のように，比較的量は少ないが特殊用途に用いられ代替が困難なものがある．いずれも地中から鉱

表 3.5　金属資源の主要埋蔵国（2004）と可採年数

鉄鉱石	埋蔵量 1,800 億 t（ブラジル，ロシア，オーストラリア，ウクライナ） 可採年数 243 年
銅鉱	埋蔵量 9.4 億 t（チリ，米国，中国，ペルー）　可採年数 65 年
鉛鉱	埋蔵量 1.4 億 t（中国，オーストラリア，米国，カナダ）　可採年数 44 年
亜鉛鉱	埋蔵量 4.6 億 t（中国，米国，オーストラリア，カザフスタン） 可採年数 50 年

(『世界国勢図会 (2006/07)』より)

石として採取され，還元して金属とする．主な金属資源の埋蔵量（上位4か国）と可採年数を表 3.5 に示す．鉄鉱石は還元して銑鉄に，さらに回収鉄と共に製鋼して鉄鋼となる．銑鉄，鉄鋼の世界の生産量は，それぞれ 7.9 億 t，11.3 億 t（2005 年）で，いずれも中国が最大，日本が 2 位である．鉄の場合，早くから回収鉄の再利用が進んでいる．

　材料として大量に利用されている再生可能資源には，天然繊維（綿，麻），天然ゴム，木材，紙などの植物資源がある．繊維製品では，絹，羊毛も再生可能資源（動物）に由来する．化学繊維の年間生産量 3,200 万 t に対し，綿織物は 700 億 m^2（綿実 4,400 万 t）．また，合成ゴム 1,100 万 t に対し，天然ゴムは 800 万 t であり，合成品と天然品が匹敵する規模にある．木材の伐採は 33 億 m^3，紙生産量は 3.4 億 t（原料はパルプ 1.9 億 t，古紙 1.7 億 t）．紙の場合は天然のみといってよい．ちなみに世界のプラスチック年間生産量は 1 億 4,400 万 t である．

　図 3.2 に示した日本の資源の流れをみると（2004 年），資源投入量（入口）が年間約 19.4 億 t（内訳，国内天然資源 8.9，輸入天然資源 8.1，資源循環 2.5 億 t）で非金属系資源を中心に減少傾向にある．主な内訳は，砂利・採石（コンクリート等）約 40 %，石灰石（セメント原料）約 10 %，化石資源約 30 %，木材・食糧約 15 % などである．他方，出口では蓄積の増加（土木構造物，建築物などの社会資本と耐久性材料など）8.3 t，エネルギー消費 4.6 t などで，出口と入口はほぼ見合っていて，国民一人当たり，一日に 43 kg も

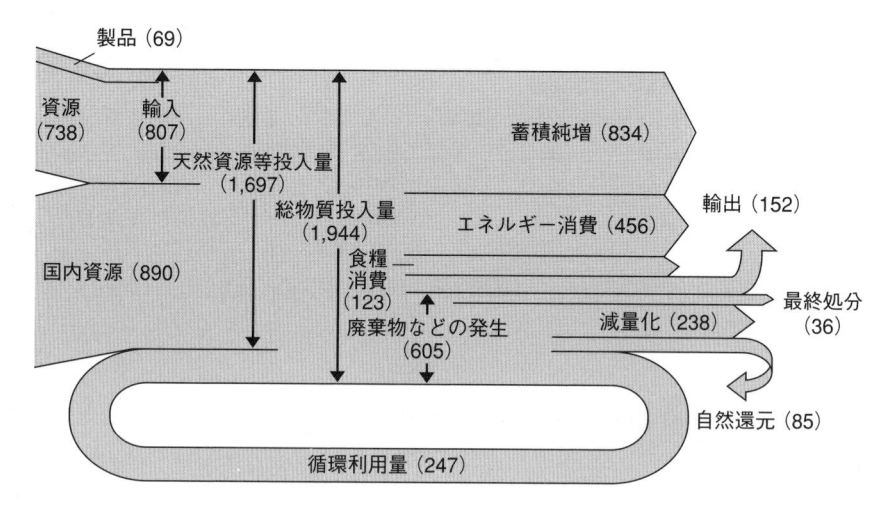

図 3.2 日本の物質フロー図（2004）（単位 100 万 t）
(『環境白書・循環型社会白書（平成 19 年版）』(環境省，2007) を元に作図)

の資源を消費していることになる．

このフローを資源の種類別に最終処理形態に着目して図示したものが第 10 章の図 10.4 (p.183) である．最終処理は資源の種類で非常に異なっている．バイオマス系の場合，出口のほうが多くなっている理由は，活性汚泥や吸水による増量が原因と思われる．後述するように，化石系資源は大部分が燃料に消費されるため，入口で 30 % を占めるが，出口では 3 % を占めるにすぎない（再利用率は 33 %）．他方，金属系資源は，入口 10 %，出口 6 % で，再利用率は 97 % と高い．

3.3 水資源

地球に存在する水のごく一部が，地表の生物にとって利用可能であることは前章で述べた．2000 年の世界の水消費量は，国勢図会や国土交通省の推定

表 3.6　世界と日本の水資源量と利用状況（概数）（1 km^3 = 10 億 m^3 = 10^{12} L）

	水資源賦存量 km^3/年	水利用量 km^3/年	用途 農業用	用途 生活用	用途 工業用	一人当たり 水資源賦存量
世界	45,000	4,000	70 %	10 %	20 %	7,800 m^3/年
日本	400	90	67 %	19 %	14 %	3,300 m^3/年
一人当たり水使用量 (L/人・日)	世界 (1995)		1,757 (農業 1,231, 工業 352, 生活 174)			
	日本 (2000/01)		1,856 (農業 1,226, 工業 278, 生活 352)			

(『日本の水資源（平成 16 年版）』, 国土交通省；『世界国勢図会（2006/07）』；UNEP 資料より)

によると, 年間約 4,000 km^3 (4 兆 m^3), その用途は, 70 % が農業用水, 20 % が工業用水, 10 % が生活用水である. 人間が利用可能な淡水量（水資源賦存量）は, 降水量から蒸発散量を引いた量で定義される. データにばらつきがあるが, 水資源賦存量は年間で, 世界 45 兆 m^3 (45,000 km^3), 日本 4,000 億 m^3 (約 400 km^3) 程度とされる. 以上を関連するデータを含め**表 3.6** にまとめておく.

世界の水需要は, 生産, 人口の増加, 生活水準の向上に伴い, 1997 〜 2025 年で 1.4 倍程度の増加が見込まれている. ただし, 水資源賦存量には地域によって大きな差があり, 浄水排水の設備にも地域格差が大きい. そのため, 世界で, 安全な水にアクセスできない人口は 11 億人（世界人口の 17 %, 主としてアジア, アフリカ）に及び, そのための病気で死亡する子供の数は毎日約 6,000 人（年間約 200 万人）に達しているという. ここで, 安全な水へのアクセスとは, 日常生活に必要最小限量とされる 20 L の水が 1 km 以内に確保されていることをいう. 一般に発展途上国では確保が困難であるが, 水利用状況の地域差には別の要因もある. 例えば, 石油は豊富だが淡水に恵まれないクウェートでは, 水資源賦存量 10 m^3/人・年, 海水淡水化で得られる水量 121 m^3/人・年, 下水処理量 27 m^3/人・年であるのに対し, エジプトでは, それぞれ水資源賦存量 859, 淡水化量 0.4, 下水処理量 3 となっている.

前述の「水ストレス」(2.4 節参照) の値が 40 % 以上になると水ストレス

が高い状態（つまり水不足を感じる状態）とされるが，2000年では，北アフリカ，南アフリカ，中東，インド，中央アジア，アメリカ西部で水ストレスが高い．2025年になると水ストレスの高い国の人口は世界人口の半分を超えると予測されている．

日本は，降水量は1,700 mm/年で世界平均より多いが，一人当たりでみると決して多いほうではない．水の総使用量（2002年）は850億 m^3（85 km^3）/年で，農業用水が570億 m^3，生活用水160億 m^3，工業用水120億 m^3 である．地下水利用量は110億 m^3/年．これに加え，輸入される農作物，畜産物が海外での生産の際に消費した水（仮想的消費量という）が640億 m^3 ある．日本の水資源の特徴は，供給が降雨期（梅雨，台風）に集中し不安定で，河川が短く急峻で利用に不利なことであり，そのため貯水の必要がある．したがって，森林，水田，貯水池，ダムによる貯水は，それらからの地下水への移行を含め環境にとって大事な機能である．地下水源は，安定性と水質が優れ，わが国の水道水の約4分の1を占める．ただし，一部の地域では重金属や有機塩素化合物による汚染が問題とされている．河川水は，季節変動はあるが大量取得が可能であり，湖，ダムを合わせると水道水の約70％を占めている．

なお，日本人の飲料水は約2 L/人・日（＋食物経由），生活用水は約350 L/人・日である．ちなみに，消費するミネラルウォーターは，年間国内生産量130万 kL，輸入33万 kL となっている．

3.4 食 糧

世界の穀物生産量の増加は飽和の傾向にあるが，2004年は前年より8.8％増え，過去最高の22.6億 t であった．小麦，米，トウモロコシを三大穀物といい，いずれも中国，米国，インドが三大生産国である．食肉は2.6億 t（中国，米国，ブラジルで50％超）．世界の食糧生産指数 2004/2000 は，総生産量が109.8，一人当たりでは104.5であった．

穀物生産をみると，耕地面積は1989/1961で1.1倍，穀物生産量は2001/1960で2.4倍．つまり生産性が大幅に改善した．これは，1960年ごろに始まった「緑の革命」によるもので，化学肥料，灌漑設備，農薬等，エネルギーを大量に投入したことと品種改良の成果である．そのため，2001/1961で人口は2.0倍になったが，一人当たりの穀物量を増加させることができた．現在の世界の食糧問題は総量よりも地域格差の問題が大きいが，将来については，悲観論，楽観論が交錯している．上記の各種方策により穀物生産量は漸増するものと期待されるが，その増加速度は人口増加の速度には及ばない可能性があり，手放しの楽観は許されない状況にある．

　もし，現在の穀物生産量（22億t, 2005）を日本人の摂取カロリー量（2,800 kcal/日・人）で割ると約90億人分，米国人のそれで割ると約60億人分になる．単純化していうと，この人数が地球上に生存できる人口になる．米国など欧米で穀物消費量の多い理由は，肉食の割合が大きいためである（家畜の餌として大量の穀物を消費するため）．同じ熱量を得るために，穀物の直接摂取の場合に比べて，牛肉で8倍，鳥で2倍の穀物が必要といわれている．

　世界の栄養不足人口は，途上国を中心に全体の7分の1（8.5億人，2000-2002年）にのぼる．他方，先進国，例えば日本では消費する食糧の約4分の1，加工食品の約2分の1が食用にされず捨てられているという．なお，日本の食糧自給率は年々低下して，1970年に穀物46％，熱量基準60％であったものが，2002年には，それぞれ28％，40％になっている．諸外国との自給率の比較を**表3.7**に示すが，先進国の中で日本は際立って低い．

表3.7　食糧自給率（％）の比較

穀類（重量基準, 2003）　　世界国勢図会（2006/07）
　日本21（コメ82）　米国132　フランス174　ドイツ102　英国100　イタリア72
　中国100　アルゼンチン249　　　（穀物収量は年によりかなり変動する）
食糧（熱量基準, 2002, 2004）　日本国勢図会（2007/08）
　日本40（穀類28, コメ95）　米国119　フランス130　ドイツ91　英国74
　イタリア71

3.5 人　口

　世界の人口は，図1.1 (p.4) に示したように，18世紀の産業革命以降急速に増加しつつあり，1900年の16億人から20世紀中に60億人へ増加した（約3.8倍）．数だけでなく，その消費する資源やエネルギーも，またその結果，環境に及ぼす影響も巨大なものになった．平均寿命も先進国では20世紀に2倍程度（約40歳から約80歳）になり，高齢化社会の問題が起こっている．他方，最貧途上国の寿命は今でも40歳前後で，健康，食糧等の問題が未だに大きい．

　世界人口は，今後とも，表3.8に示すようにアジア，アフリカを中心に増加が続き，2005年65億人（途上国53億人），2030年83億人，2050年92億人程度（途上国78億人）になったあとは飽和の傾向を示すと予測されている．人口の急増と南北問題は密接な関係にあり，これらは人類と地球にとって大きな課題になっている．人口に関するもう一つの特徴は，都市化である．現在，世界人口の47％が100万人以上の都市に住み（大部分が途上国），人口が1,000万人程度（郊外を含め）以上のメガ都市が世界で12ある．このような都市化はますます強まる傾向にある．

　日本の人口は，20世紀に，4,400万人から1億2,700万人に増えた（2.9倍）．これは，平均余命が45歳から82歳に延び（1.8倍），世界でも最長寿国の一つになったことと，出生率の増加による．しかし，現在は出生率の低下

表3.8　人口の動向（単位；億人）

	アジア	アフリカ	ヨーロッパ	アメリカ	日本	計
1950	14	2	5	3	0.8	25
2000	36.8	8.0	7.3	8.4	1.27	60.9
2005	39.4	9.2	7.3	8.9	1.28	65.1
2030（予測）	49.3	14.6	7.1	11.2	1.18	83.2
2050（予測）	52.7	20.0	6.6	12.2	0.99	91.9

予測は国連人口推計 (2006年)．

が顕著になり，人口は 2006 年ごろから減少し始め，このままでいくと 2050 年に 1 億人，21 世紀末には半減すると予測されている．人口減少により解決する問題もあるが，急激な人口変化は高齢化社会の問題，労働力の不足などの社会問題をもたらすことになるので，適切な対応が求められる．

南北問題 (North-South Issues)

先進国 (developed countries) と発展途上国 (developing countries) の間の所得，生活水準等の大きな格差，およびそれに起因する問題のことである (1.3 節参照)．北半球と南半球の格差は，欧州・北米と，アフリカ・南米の間で顕著であり，アジア・オセアニア地域では必ずしも当てはまらない．このほかにも，局所的な南北問題が各地域に存在するが，ここでいう南北問題ではない．

南北問題は，また，農産物・鉱産物資源の供給国と，工業製品の生産・供給国の関係でもある．植民地時代，産業革命を経て，西欧先進国とそれ以外の地域の支配・被支配関係が成立した．その間，途上国の一部は経済力をつけ，先進国の仲間入りを果たしている．かつての日本，現在進行中の BRICs (ブラジル，ロシア，インド，中国)，新興工業経済地域 (韓国，台湾，香港，シンガポール，メキシコ，ギリシャ，ポルトガル，スペイン，ユーゴスラビア) である．先進国から途上国への各種援助があるが，途上国の経済発展に必ずしも十分に貢献していない．そのため，現在も所得格差は拡大する傾向にある．また，新たな援助 (借款) がもっぱら債務の返済に充てられることも多い．2005 年 5 月の G 8 (日，米，英，仏，独，伊，カナダ，ロシアの主要 8 か国による首脳会議) では，最貧 18 か国 (後発開発途上国ともいう) の国際機関に対する債務約 400 億ドルを帳消しにすることを決めた．

一人当たり国民総生産 (国民総所得とほぼ同じ) は国によって二桁の差がある．国連，世界銀行では，一人当たり国民総生産が 700 ドル程度以下の国を最貧国，低所得国としている．OECD 諸国 (EU 19 か国と日，米，加，豪，韓，メキシコなど 11 か国) とそれ以外で分ける場合もある．この差は 10 倍以上である．そして，所得格差が拡大傾向にあることは，1980～2003 年の

一人当たりの所得増加をみると，日，英，米が3倍程度に増加しているのに対し，アフリカの大部分の国では減少したことからわかる（トップ20か国とボトム20か国の所得格差は最近20年で5.2倍に広がった）．エネルギー，資源消費をみても，所得上位 1/4～1/5 の人口が，世界全体の消費の 2/3～3/4 を占めている．

平均寿命（男女平均）にも約2倍の違いがある．公衆衛生，医療，食糧，水の供給に格差があるためと思われる．ただし，摂取している一人一日の栄養量には，統計上の大きな違いはみられない．

表　各国の所得，一次エネルギー供給量，平均寿命，栄養摂取量

国民所得 (一人当たりGDP) (ドル/年，2004)
　1万ドル級：日本 37,050，ドイツ 30,690，英国 33,630，米国 41,440
　1,000ドル級：中国 1,500，ブラジル 3,000，ロシア 3,400，南アフリカ 3,630，
　　　　　　　アルゼンチン 3,580，エジプト 1,250，ボリビア 960
　100ドル級：エチオピア 110，コンゴ民主共和国 110，カンボジア 350，ベトナ
　　　　　　ム 540，ケニア・スーダン・ガーナ 350-600，モンゴル 600，イン
　　　　　　ド 620

一次エネルギー供給量 (石油換算 t/年・人，2003)
　　　　米国 7.84，ドイツ 4.21，日本 4.05，英国 3.91，中国 1.09，インド 0.52，
　　　　エジプト 0.78，世界平均 1.69

平均寿命 (歳；2004)
　　　　上位国：日本 81.8，スウェーデン 80.3，イタリア 80.2，カナダ 79.8，
　　　　　　　　米国 77.4
　　　　下位国：ボツワナ 35.5，ジンバブエ 37.3，ザンビア 38.1，アンゴラ 41.2

供給栄養量 (kcal/一人一日)
　　　　日本 2,768，米国 3,775，ドイツ 3,484，中国 2,040，ブラジル 3,146，ロシ
　　　　ア 3,118，インド 2,473，ベトナム 2,617，ガーナ 2,667，ボツワナ 2,196，
　　　　ザンビア 1,975，ケニア 2,155，エチオピア 1,858

演習問題

[1] 2050年に予測される世界の人口（90億人とする）のすべてが日本人並みのエネルギー消費量となった場合に必要となるエネルギー量は現在の消費量の何倍か．もし，現在の米国人並みになると何倍になるか．

[2] 日本の水資源について，利用可能量，農業用水量，仮想的農業用水量（輸入農作物が海外で消費した農業用水）を比較して，日本の食糧自給率が現在の2倍になるとどうなるか考察せよ．

[3] 2004年の世界と日本の人口はそれぞれ63.9億人と1.28億人である．2050年には世界の人口は約40％増大すると予測され，他方，日本の人口は現在の80％程度に減少すると推定されている．このことが，世界と日本において，引き起こす問題と解決しやすくなる問題を考察してみよう．

第 4 章　環境問題と化学

この章では，改めて環境問題を俯瞰し，全体像を把握すると共に，個別の問題における化学的な側面を解説する．化学が，問題の原因，発生機構に深く関わっている例もあるし，また，その解決に化学，化学技術が貢献した例や貢献できる場合も多い．

4.1　現代の環境問題－概要

1990年代はじめの環境白書は，公害別の記述になっていて，公害として大気，水質，土壌・地盤，騒音・振動，悪臭，生物汚染，廃棄物があげられている．この中には，悪臭，騒音，地盤のように解消されつつある問題がある一方で，土壌汚染や廃棄物のように拡大している問題もある．また，このほかに地球規模で新しく起こった環境問題や，経済・社会と深い関わりが認識された例もある．現状を表4.1にまとめて示す．地球環境問題としては，地球温暖化，オゾン層破壊，酸性雨，熱帯林減少，砂漠化，海洋汚染，野生生物種の減少，汚染物の越境移動，貧困に起因する環境問題があげられる．

4.2　地球温暖化問題

地球温暖化とは，対流圏，成層圏中の二酸化炭素，メタン，CFC（クロロフルオロカーボン類），一酸化二窒素（N_2O）などの温室効果ガスの濃度が高くなり，地表の気温が上昇することをいう．地球温暖化の問題を考えるには，

表 4.1 主な環境問題

項目	被害・影響	主な原因，メカニズム
地球温暖化	20世紀で0.6℃上昇 将来の不安	人間活動により発生する温室効果ガスが主因．ただし，太陽活動との相関もあり
オゾン層破壊	生態系の被害（未確認）	CFCの使用，地表の紫外線量増大
酸性雨	森林，魚類への影響（日本では未確認）	火山活動，化石燃料からのSO_x
森林破壊	年間 0.3％減少	伐採
土地劣化	年間 2％弱減少	過放牧，過剰農業，自然現象など
水質汚染	有機物，重金属	産業・農業・生活排水，管理不備
大気汚染	窒素・硫黄酸化物，粒子状物質 光化学オキシダント	化石燃料，火山活動
廃棄物問題	処理コスト，景観，汚染	大量生産・消費，管理不備
化学物質	健康，生態系 火災，爆発	リスク管理不備，情報不足
ヒートアイランド		大都市化（エネルギー消費密度大）
その他（騒音，振動，悪臭，地盤）		
広義の環境問題		
エネルギー・資源	供給不安，価格の上昇	多くの資源が，枯渇性で可採年数は50年程度
食糧	供給不足（地域的不均衡）	増産の鈍化，人口増，個人消費増（肉食増）
水	供給不足（地域的不均衡）	人口，人間活動の増大
生物多様性	生態系の変化 希少生物種消滅	人間活動の増大や自然環境の変化
人口増加	資源，エネルギー不足，所得格差	

　まず，温室効果ガスによる地球温暖化のメカニズムと，温室効果ガスの濃度変化，地球平均気温の変化の実態，および温室効果ガス以外の気温変動要因の四つを把握しておかなければならない．

　まず，温暖化のメカニズムであるが，温室効果とは，地表に吸収された主に短波長（主に紫外線領域）の太陽エネルギーが，地表に吸収されてから長波長の赤外線領域のエネルギーとして宇宙に向けて再放出される際，大気中

4.2 地球温暖化問題

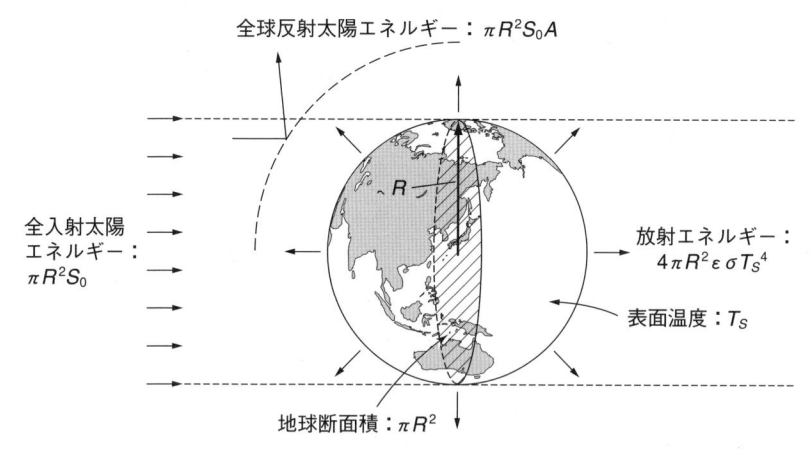

図4.1 地球温暖化のメカニズム（単純化したモデル図）

の温室効果ガスにより吸収され，その吸収されたエネルギーの半分が再び地表へ向けて放射されて戻ってくることによって地表が暖まる現象である．

このことを簡単なモデルで確認しておこう．大気および地表を均質層と仮定すると，地表のエネルギー収支は，図4.1を参考にして，

$$\pi R^2 S_0 (1-A) = 4\pi R^2 \varepsilon \sigma T_S^4 \tag{4.1}$$

と表せる．左辺第1項が太陽から地上へ入射するエネルギー（地球断面積に比例），右辺が地表から逸散するエネルギーである（地球表面積に比例）．ここで，R は地球半径，S_0 は太陽定数と呼ばれるもので，太陽から地球（地上ではない）へ入射する単位断面積当たりのエネルギー，A は太陽光に対する全球平均反射率（アルベドという．通常 0.3 とされる），ε は地表面からの赤外線の宇宙への逸散割合（温室効果に依存し，現在は 0.6 程度），σ はステファン－ボルツマン定数，T_S は全地球平均地表温度．ここで，地表に供給されるその他のエネルギーは，太陽エネルギーの 1,000 分の 1 程度なので無視している．(4.1) 式を書き換えると，

$$T_S^4 = S_0 (1-A)/4\varepsilon\sigma \tag{4.2}$$

となり，これに，$\varepsilon = 1.0$（温室効果がなく地表からの放出エネルギーがすべて宇宙へ逸散する場合），$S_0 = 1,367$ W m^{-2}，$A = 0.3$，$\sigma = 5.67 \times 10^{-8}$ W m^{-2} K^{-4} を代入すると，$T_S = 255$ K（$= -18$℃）となる．現在の平均気温 288 K より 33 K 低い．現実の大気は温室効果があって，前記のように $\varepsilon = 0.6$ 程度なので約 15℃ である．ε の値が増加するとそれに応じて地表温度が上昇することになる．

各種の温室効果ガスの地球温暖化への寄与の大きさを，二酸化炭素を 1.0 として相対的に表した係数を，その気体の地球温暖化係数というが，この値は，大気中の寿命，赤外線吸収能を用いて 100 年間について，二酸化炭素 1.0，メタン 21，一酸化二窒素 310 のように計算される．主な温室効果ガスの濃度変化を図 4.2 に示す．近年，増加の傾向にあるが，増加率は気体により異なる（縦軸の原点が気体により違うことに注意）．なお，ここにはあげていないが，地球温暖化係数が大きい CFC や HCFC（ハイドロフルオロカーボン，CFC の水素置換体）の発生は，次節で述べるように日本では近年大幅に低下していて，地球温暖化防止に相当貢献しているはずであるが，京都議定書ではカウントされない（第 8 章コラム（p. 157）参照）．

濃度と温暖化係数を考慮すると，温室効果が最大の気体は二酸化炭素である[†1]．人為的に放出された二酸化炭素の約半分が大気中に残存する．二酸化炭素として世界で年間 252 億 t（炭素基準，69 億 t）が人為的に排出され，京都議定書の基準年 1990 年に対し 13 % 程度増加した（2003 年）[†2]．日本の排出量は 12.8 億 t（2004 年），一人当たりでは約 10 t/年であり，基準年 1990 年に対し 11 % 増加．他の温室効果ガスも二酸化炭素に換算して含めた場合，排出量は 13.8 億 t で，1990 年比で約 10 % 増加．部門別では産業部門 4.6

[†1] 温室効果の寄与度は，産業革命以後の通算で，CO_2 60 %，メタン 20 %，CFC，HCFC 14 %，N_2O 6 %．大気中の CO_2 の正味の増加量の大部分は化石燃料の燃焼に起因する．森林減少による分が 20〜25 % とする試算がある．
[†2] 世界各国の CO_2 排出量：京都議定書批准国 29 %（EU 18，ロシア 6，日本 5），米国 22 %，中国 18 %，インド 4 %．

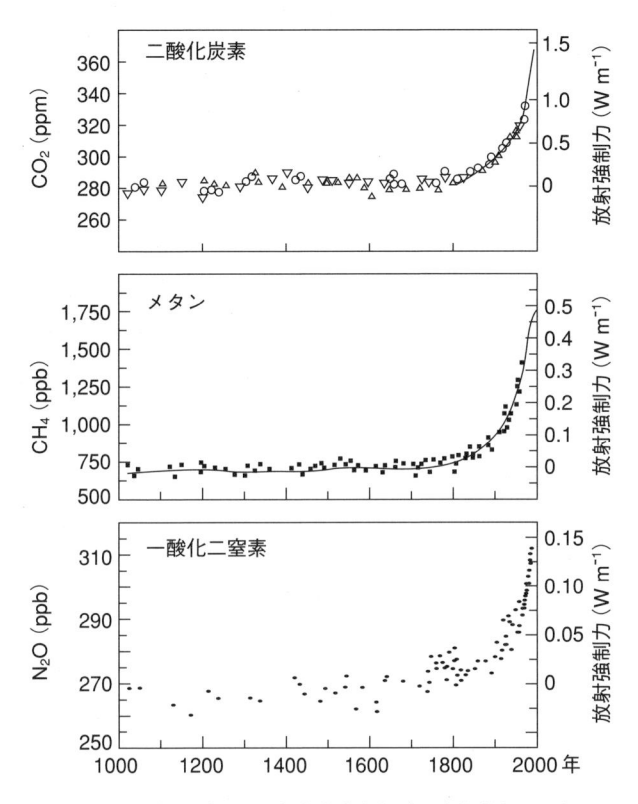

図 4.2 温室効果ガスの大気中濃度変化（二酸化炭素，メタン，一酸化二窒素）
(『化学便覧（応用化学編）』（丸善，2003）より改変)

億 t（全体に占める割合は 36 %），運輸部門 2.6 億 t（20 %），業務部門その他 2.3 億 t（18 %），家庭部門 1.7 億 t（13 %）となっている．そのほかにエネルギー転換，工業プロセス（セメント製造など），廃棄物からの排出がある．産業部門からの排出が最大であるが，近年は漸減傾向にある．他方，その他の主要三部門は基準年に対し 20 〜 40 % も増加している．

地球の平均気温は，長期的には第 2 章図 2.5（p.20）の変化を示している．遠い昔の気温は，当時の気温を反映していると思われる樹木，さんご，海底堆

積物,古文書などから推定される.2.3節に述べたように,図にある二つのデータは同じデータからの推定であるが,両者は相当違っている.一時は,最近有史以来の気温上昇があるとする推計値に基づいて温暖化が危惧されたが,過去にも(西暦1000年ごろ)かなり高温の時代があったとする説がその後提出され支持を集めている.なお,間氷期に約1万年周期で数℃の温度変動が記録されている.化石燃料の使用により二酸化炭素の濃度が上昇していることと,その濃度上昇が気温上昇をもたらすことは確実である.また,気温が上昇しつつあることも確認されている.しかし,その程度はまだ小さい(20世紀において約0.6℃.21世紀に入ってわずかに加速したとの指摘がある).最新の国連IPCC(気候変動に関する政府間パネル)の予想によると(2007年2月),21世紀末に1.1〜6.4℃の気温上昇がある(温度の幅は,推計値の上下限差と六つの未来シナリオの違いによる.図11.1参照).

気候の変化は多くの要因に支配されるが,この温度上昇が,主として二酸化炭素の濃度上昇による可能性はかなり高いとされる.地球温暖化の原因が何であれ,二酸化炭素濃度の増加は化石エネルギーの大量使用によるもので,その低減は枯渇性の化石燃料の節約につながる.したがって,エネルギー利用・物質転換の効率化,代替物の供給などを通して,化学技術が貢献する場面は多いのである(第8章参照).

4.3 大気保全

4.3.1 オゾン層破壊

オゾン層とは,成層圏内の地上から25〜40 kmに存在するオゾン(O_3)の濃度が比較的高い層の呼び名である.濃度は高いといっても数ppmである.オゾン濃度が通常より低い領域をオゾンホールと呼ぶ.オゾンホールの存在は1980年ごろから観測され始めた.紫外線の吸収能が高いオゾンの濃度が減少すると,太陽から地上への紫外線通過量が増加し地上の生物に悪影

響を及ぼす可能性がある．オゾンホールの生成が，人間が広く使用していたクロロフルオロカーボン（フロン；CFC．CFC-11 ($CClF_3$)，CFC-12 (CCl_2F_2)，CFC-113 (CCl_2FClF_2)，CFC-114 (CCl_2CClF_2)，CFC-115 (CF_3CClF_2) など．これらに HCFC を含めて特定フロンという）が成層圏で起こす光化学反応によることがわかっている．そのため後述する対策が強化されている．

オゾンは，酸素分子から紫外線 ($h\nu$) による光化学反応で生成した酸素原子と他の酸素分子が反応して生成する．

$$O_2 + h\nu \longrightarrow 2O \qquad (4.3\,\text{a})$$

$$O + O_2 \longrightarrow O_3 \qquad (4.3\,\text{b})$$

生成したオゾンは，$O_3 + h\nu \to O + O_2$，$O_3 + O \to 2O_2$ などの反応により消滅するが，これに (4.4) 式の連鎖反応が加わるとオゾン濃度の低下が著しく加速する．

冷媒などに使われていた CFC は，化学的に安定であるため，対流圏を通り抜けて上昇し成層圏に到達してから，成層圏内で太陽光による光化学反応で塩素原子 (Cl) を発生する．この塩素原子が成層圏内のオゾンを分解し，その濃度を低下させるのである．この反応は，(4.4) 式で示す Cl 原子を連鎖キャリアーとする連鎖反応で進行し，1 個の Cl 原子が数万個のオゾンを分解するとされる．Cl 原子がない場合でも，オゾンは，水，窒素酸化物を連鎖キャリアーとして，類似の連鎖反応により徐々に分解し，オゾンを生成する反応 ((4.3) 式) とつりあった濃度になっているが，CFC が加わることによりオゾン分解が大幅に加速してその濃度が低下する．

$$Cl + O_3 \longrightarrow ClO + O_2 \qquad (4.4\,\text{a})$$

$$ClO + O \longrightarrow Cl + O_2 \qquad (4.4\,\text{b})$$

上空の気流の関係で，極地付近にオゾン濃度の低い部分すなわちオゾンホールが観測されやすい（南極においては 10 月ごろに顕著）．なお，オゾンホールによる地表生物への被害が懸念されるが，確認されたわけではない．オゾンホールの拡大を防止するため，国際条約によりオゾン層破壊効果の大

きいCFCの製造と使用が禁止され，関連する物質（ハロン，四塩化炭素など）も規制された．また，HCFCなども次第に削減されている．この結果，いまは状況が改善されつつあり，オゾン層破壊の問題は近い将来に解決されると予想される．なお，CFC，HCFCは，温室効果ガスでもあり，温暖化係数（p. 46参照）が大きいので温室効果全体への寄与は10％程度になる．日本はCFCの削減によりすでに温室効果を相当抑制したが，京都議定書ではカウントされない．

冷媒，洗浄剤，発泡剤として優れた性質をもつ安定・無害な物質として大いに期待されていたCFCが，予想外の悪影響をもたらすことが分かったことは，化学物質のリスク管理の難しさを示すものであると同時に，化学，化学技術にとっても重大な問題を提起した．他方，悪影響の小さい代替物を開発することが，化学，化学技術の新たな使命になったということもできる．この点に関しては，すでに成果があがりつつあるが，いっそうの改善が求められている．

4.3.2 酸性雨，硫黄酸化物 (SOx)

硫黄酸化物は，化石燃料の燃焼などの人間活動や火山活動により発生し（総量は後者のほうが多い），大気中で酸化されたのち，水蒸気と反応して硫酸となって雨水に含まれて地上に落下する．このほかに，浮遊粒子に吸着して沈下するものもある．ヨーロッパで，石炭の大量使用により石炭中の硫黄分から発生した硫黄酸化物が国境を超えて酸性雨を降らせ，森林が枯れる，湖沼の水が酸性化して棲んでいる生物が死ぬ，銅像が腐食して変形する，などの被害が出たとされる．日本の雨水のpHは4.5～5.0でやや酸性であるが，この値は長い歴史の間であまり変化していない．したがって，植物に被害が出るほどの酸性雨ではないものと推定される．現在，各種モニタリングを行っている段階であるが，被害が確認されるには至っていない．

わが国の大気中の硫黄酸化物濃度は，発電所や工場のボイラーに設置する

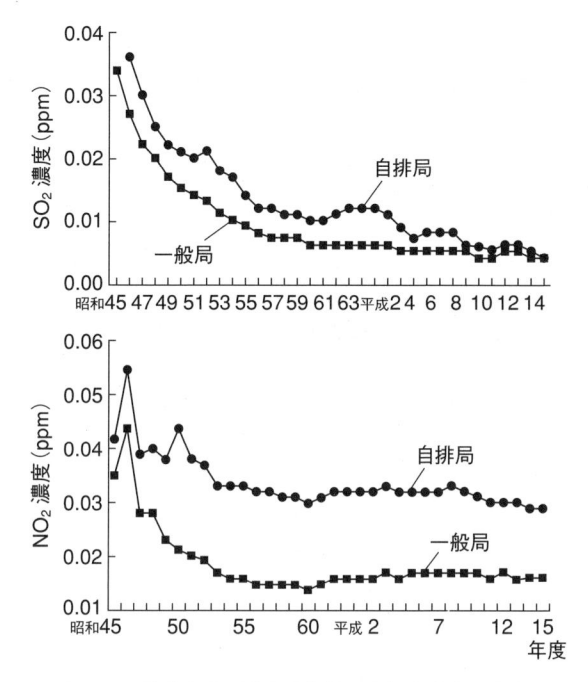

図 4.3 硫黄および窒素酸化物の大気中濃度の変化
(『環境白書（平成 18 年版）』(環境省, 2006) を元に作図)

排煙脱硫設備と硫黄含有量の低いクリーン燃料の普及により，図 4.3 上に示すように 1970 年代から急速に低下し，環境基準達成率は 99 % 以上である．この間，日本の雨水の pH 値に大きな変化がないので，このことも硫黄酸化物が雨水の pH を低下させている可能性が低いことを示している．世界的にみると，先進国では解決の方向に向かっているが，石炭消費が多くかつ対策技術が遅れている発展途上国における発生がしばらくの間は問題となる．わが国でも，近年，大陸からの移流が懸念され始めている．排煙と燃料の脱硫（硫黄分の除去）はいずれも化学技術である．燃料の脱硫は，自動車燃料を中心にいっそうのクリーン化が求められ，継続的に技術開発が進められている．

4.3.3 窒素酸化物 (NOx)

通常，一酸化窒素 (NO) と二酸化窒素 (NO_2) のことを意味し，両者を合わせて NOx という．石油，石炭を燃焼すると，燃焼器内で空気および燃料に含まれる窒素が酸化して生成する．燃焼直後には NO の状態であるが，空気中で（一部排ガス処理触媒により）酸化して NO_2 に変化する．一酸化二窒素 (N_2O) も窒素の酸化物であるが，普通は NOx に含めない．窒素酸化物は，硝酸となり酸性雨の原因となるほか，光化学オキシダントの生成に関わる．また，人間の呼吸機能に悪影響を与える（例；四日市喘息）．わが国の一般環境大気測定局（道路から離れた測定局；一般局ともいう）では，大気中濃度が低下し，環境基準の達成率も 100 %（2003 年）である．一方，沿道（自動車排出ガス測定局；自排局）では徐々に改善しているが，達成率は約 89 % に留まっている（図 4.3 下．大都市の沿道でとくに達成率が低い）．したがって，自動車排ガスのいっそうの浄化のため，燃焼技術と共に，排ガスの化学的処理技術の開発が精力的に取り組まれている．NOx は酸性雨の原因ともなるが，その寄与は硫黄酸化物よりも小さい．

4.3.4 一酸化炭素

硫黄酸化物と同様に，大気中濃度は大幅に低下し，現在は大気汚染の問題となっていない．ただし，室内空気においては，不完全燃焼（暖房機器，たばこ，火事など）に起因する一酸化炭素が安全上の大きな問題である．

4.3.5 光化学オキシダント

光化学オキシダントとは，オゾン，過酸化物，ペルオキシアセチルニトラート (PAN) など酸化力の高い大気汚染物質のうち NO_2 を除いたものの総称である．NO_2 と炭化水素の光化学反応により生成し，目に刺激性があり呼吸器系に異常を起こす恐れがある．環境基準が 1 時間の平均値で 0.06 ppm 以下と決められている．これらの物質と自動車排ガスなどからの粒子状物質とが

反応して霧のような状態になる場合を光化学スモッグという．低濃度のNOxおよび炭化水素が光の存在で起こす複雑な化学反応群のメカニズムにはまだ不明な点があり，十分な光化学オキシダント低減策は実現していない．したがって，対策技術と共に光化学オキシダント生成のメカニズムの解明が課題となっている．

4.3.6 粒子状物質 (PM；particulate matter)

大気中の粒子状物質は，降下ばいじんと浮遊粉じんに大別され，後者に含まれる浮遊粒子状物質（粒径 10 μm 以下，suspended PM という）に対しては環境基準が設定されている．浮遊粒子状物質は，微小なため大気中に長期間存在し，呼吸器に悪影響を及ぼす．発生源には，工場やディーゼルエンジンの人為的発生源と，黄砂や土壌の巻上げ等の自然発生源がある．発生源から直接放出されるものを一次粒子といい，SOx，NOx，揮発性有機化合物等が大気中で反応して生成するものを二次生成粒子という．環境基準達成率は大幅に改善されつつあるが (95 % 以上)，ディーゼル自動車から排出されるさらに小さい粒子状物質 (2 μm 以下) は呼吸器に悪影響を与え，また発がん性物質を含むと推定され，その低減対策（特に沿道）が喫緊の課題となっている．ここでもエンジン燃焼技術と共に先進的な排ガスの化学的後処理技術が必要となっている．

4.3.7 有害大気汚染物質 (hazardous air pollutants) と揮発性有機化合物 (VOC；volatile organic compounds)

環境基準が設定されている物質（有機大気汚染物質）は，ベンゼン，トリクロロエチレン，テトラクロロエチレン，ジクロロメタンで，おおむね基準値を達成している．指針値のある物質も同様の傾向にある．

1992 年の日本における VOC 発生量の推計値は年間 150 万 t であった．主要な VOC 物質は，トルエン，キシレン，ジクロロエチレンなどで，発生源は

約半分が塗装である（発生源のデータはp.114参照）．VOC発生の少ない塗料（水性塗料など）や塗装技術の開発と共に，発生したVOCを回収あるいは無害化するすぐれた化学技術の開発が課題となっている．

4.3.8 室内空気

現代人の多くは，大部分の時間を室内あるいは車内で過ごしている．かつて日本の家屋は室内と屋外の空気はほぼ自由に通じていたが，近年，家屋の機密性が高まるにつれ，室内の空気汚染が問題になっている．例えば，建材，内装材から放散されるホルムアルデヒド，トルエンなどに起因すると推定されるシックハウス症候群が問題となって，室内濃度の指針値が策定され，また，建材に対しても品質のグレードが設定された．日常生活に近いところに存在する化学製品を無害化（あるいはリスクを最小化）するなど，身近な問題の解決に貢献することは，化学，化学技術に対する社会の信頼を得ることにつながるであろう．

4.4 土地利用上の問題

世界の土地利用状況は，森林32％，草地26％，耕地11％，その他31％である．これらの現状を以下に概説する．

4.4.1 森林減少

世界の土地の約3分の1が森林地帯（灌木地帯を含む）で，その面積は40〜50億haと推定されている（7割が森林，残りが灌木）．地域別には，南米，ヨーロッパで森林の割合が高く（4割），アジアはその割合が2割程度である．全体で森林面積は漸減しているが（5年で1.6％減），熱帯雨林の減少が相対的に大きい（1年で0.6％以上減）．他方，先進国では，植林が進められ森林面積が微増傾向にある．ただし，植林すると植生が変化する，つまり

環境が変わるということに留意しておく必要がある．木材生産量はアジアが60 %で，その利用は，約45 %が建築，木製品，パルプの産業用で，残り55 %が薪炭用である．途上国ではエネルギー源としての利用が約80 %に達する地域もある．

日本は，天然林1,400万 ha，人工林1,040万 ha，その他を合わせて2,500万 ha を有し，国土に対する森林の割合は67 %で，世界平均の約2倍である．日本は，植林，営林に関しては古代に始まる優れた実績があるが，木材自給率は約20 %にすぎず(1995年)，海外からの廉価な木材の大量輸入に依存している．海外の森林資源に責任をもつと同時に，経済性だけでなく国内の森林がもつ環境保全の効果(雨水の保持，生態系維持)を再評価する必要があろう．

4.4.2 土地劣化，農地，耕地

1980年代に世界で約20億 ha（植生に覆われた土地の17 %）が人間活動によって劣化し，そのうち約1億 ha は農耕には適さなくなったとされる．なお，世界の耕地と牧草地の面積は合計約50億 ha．土地劣化の原因は，表4.2に示すように，人間活動によるものが多い．これらが原因となって降雨などの水による浸食，栄養塩の流出，風による侵食が加速する．化学的要因

表4.2 世界の土地劣化の原因（割合 %）

人間活動別				
植生除去 （森林伐採など）	過剰開発	過放牧	農業活動	工業活動
30 （アジア，南米で多い）	7	35 （オセアニア，アフリカで多い）	28 （北米で多い）	1
自然活動を含む要因別				
水による浸食	風による侵食	化学的劣化	物理的破壊	
56	28	12	4	

(中杉修身・水野光一 編著：『人類生存のための化学 上 21世紀の資源と環境』，大日本図書(1998) を元に作表)

による土地劣化は全体の 12～13％で，その内訳は栄養塩の流出，塩類の蓄積が多く，いわゆる有害化学物質による土壌汚染の割合は，その 1 割程度である（全体の 1％）．わが国では，土地劣化は量的には大きな問題となっていない．しかし，産業活動およびその廃棄物に起因する重金属，有機塩素化合物による土壌汚染や飲料水などの汚染問題が一部の地域に存在する．このように，世界全体としてみると，社会経済的な問題の解決が必要であるが，過度の農耕を抑制する高機能で環境負荷の小さい農薬や肥料，劣化した土地の修復などに化学技術の貢献する局面がある．化学汚染に対しては化学技術が主役になって解決にあたるべきであろう．

4.4.3 砂漠化

砂漠化とは，乾燥した地域における土地の劣化・不毛化のことで，土地の乾燥化に加え土壌の侵食や塩性化，栄養塩の流出，植生の種類の減少を含んでいる．砂漠化の影響を受けている土地は世界の陸地の 4 分の 1（36 億 ha）に達し，砂漠化の影響を受けている人口は約 10 億人になるといわれる．36 億 ha は，世界の耕作可能地（農耕地と牧畜地）の約 70％に相当する面積である．他の砂漠化の原因には，過放牧，過度の耕作など人為的なものや，干ばつなどの自然現象がある．

4.5 水汚染

人間活動（生活用水，農業用水，工業用水）に利用できる淡水は，地球に存在する水のごく一部である（2.4, 3.3 節参照）．また，衛生上問題のない飲料水にアクセスできない人口や，農業・工業用水の不足する地域も世界的には多い．さらに，気候変動に伴う供給量変化や，人間活動に伴って排出される汚染物質の増大による水質の悪化が問題である．人口や産業が集中する内湾，内海，湖沼等の閉鎖性水域では，流入する汚染物質が多いうえに，蓄積

しやすく，汚濁が生じやすい．窒素，りん等の流入による富栄養化に伴う赤潮などの現象がその例である．日本の水質環境基準のうち，河川や湖沼の有機汚濁（生物化学的酸素要求量；biochemical oxygen demand, BOD や化学的酸素要求量；chemical oxygen demand, COD）に関わる環境基準の達成率は徐々に向上しつつあり，それぞれ 90 および 51 %（2004 年）（海域を含む全体で 85 % 達成）．公共水域の水質に関しては，その他，DO (dissolved oxygen, 溶存酸素量），重金属，有機塩素系化合物等が環境基準に指定されている．

海洋については，日本の近海は，全体的に水質汚染のレベルは低いが，底質に汚染物質が蓄積されている例がある（北九州沖の重金属，東京湾のダイオキシン類など）．世界的な海洋汚染の全体像は明らかではないが，閉鎖性海域における赤潮発生，重金属汚染の拡大，また，大型タンカー，海底油田開発に伴う石油による汚染が問題となっている．

日本の飲料水の水源は，7 割が河川水，残りが地下水である（3.3 節参照）．一部に重金属や有機塩素系化合物の被害が発生し，また人口の 2〜3 % に異臭等の被害が出ているが，11 億人が安全な水にアクセスできない世界全体と比べると，日本は恵まれた状況にある．

化学技術は，汚染原因の除去あるいは低減，また，汚染物質の除去・無害化に貢献できよう．また，汚染メカニズムの解明にも化学が貢献できる．

4.6 化学物質の管理

物質を化学的な観点でみた場合を化学物質と呼ぶことにすると，すべての物質が含まれ，厖大な数の化学物質があることになる．その中には，人や環境にとって危険なものも，有用なものも含まれる．化学物質については，第 6 章で改めて詳述するので，ここでは，危険性は程度の問題であること，暴露（摂取）する可能性の大きさが重要であること，有用な化学物質をその危険を避けながら上手に利用することが大事であること，そして，それを実現する

には化学，化学技術の果たす役割が大きいことを指摘するにとどめる．

4.7 廃棄物

大量生産，大量消費の必然的結果として，大量の廃棄物が発生する．事業者の廃棄物を産業廃棄物，その他を一般廃棄物（ごみ，し尿）というが，都市における一人当たりの一般廃棄量は世界的に $1 \sim 1.5 \, \text{kg}/日$ である．廃棄物の問題は，処理に要するエネルギーコストおよび処理が環境に与える影響，さらに，埋め立て用地の確保である．再利用も簡単ではないので，現代の物質文明の大きな課題となっている．これらについては，第10章に詳述する．

4.8 日常生活の環境

人にとっての主要な環境は，4.3.8項でも述べたように日常の生活環境である．現代人（先進国の）は，大部分の時間を室内（家，オフィス）または車内（電車，自動車）で過ごしているので，現代人の健康にとって大事な大気環境は，実は，室内，車内の空気であるといえよう．住環境における有害化学物質の発生は，近年，家屋の密閉性が高くなっているのでいっそうの注意を払わねばならない．一酸化炭素，二酸化炭素，窒素酸化物，浮遊粉じんなどが対象である．汚染源である調理器，暖房機の使用中あるいは喫煙中の換気に注意を要する．また，建材，家具の塗料，接着剤からのホルムアルデヒド，芳香族等有機物の発生が問題となる．後者が原因と推定される粘膜刺激症・頭痛などの症状をシックハウス症候群，シックビル症候群と呼ぶ．このほかにも多くの有用な化学物質を身近に使っているが，使い方を間違えると健康被害や物損を招く．

飲料水，生活用水，食糧の確保とそれらの安全性は，生活環境の重要な要素である（4.5, 7.3, 8.11節参照）．さらに，各種の製品群や交通等の安全も，

生活の安全，安心のために配慮すべき大事な問題であるが，本書では詳述しない．

4.9 対策技術

主な対策技術については，第7,8章で詳述する．自然には自然現象や生態系のはたらきによる修復能があるので，原因を抑制すれば，多くの場合，環境は次第に回復する．多くの大気汚染は，発生源の汚染物質を防除あるいは無害化すれば，大気の移動や大気中の反応により解決される．石油による海洋汚染も，汚染が大規模であったり頻発したりするのでなければ，海洋に存在する生物の力で，時間はかかるが回復する．しかし，自然の修復能力を超えて汚染あるいは破壊された場合は，人間による積極的な修復が必要になる．例えば，重金属や有害有機物質による土地の汚染は，一般に自然の回復がきわめて遅く，人間による修復が必要になるが，この対策は非常に難しい．土地の劣化（土壌の消失）は，適切な対策で回復可能であるが，多くの場合，貧困や市場主義など社会経済の中におおもとの原因があるので，対策があっても実施が難しいことが少なくない．

環境保全と環境保存

自然保護に関する「環境保全」と「環境保存」の二つの立場の違いについてふれておく（加藤，2005）．環境を守るといってもいろいろな考え方があることは第1章で述べたが，その典型がこの二つである．単純化していうと，「保全」は，人間にとって持続的に利用できるように自然を保とうとする立場，「保存」は，自然をあるがままに守ろうとする立場である．米国で，20世紀初頭，ダム建設と森林保護のあり方に関して，ピンショーの保全説（conservation）とミューアの保存説（preservation）の間で歴史的な論争があった．ピンショーは，森林を含む自然資源を最大多数の人間の最大幸福に資する選

択としてダム建設に賛成した．長期かつ広い視点からの実用的，功利的な立場である．ミューアは，決定の手続き等を理由に反対したが，本当の理由は，美しい景観を保存したいという宗教的ともいえる美意識のためであったと推測されている．すでに述べたように，自然は変化するものであるし，人間は自然を開発してその歴史を築いてきた．したがって，厳格な意味で後者の立場に立つことはできない．といって，人間に都合のよいように自然を勝手に開発していいということにもならない．人間の知恵は限られていて，仮にその時々のご都合主義を排すことはできるとしても，将来，後悔をしないで済む正しい判断ができるとは限らないので，自然の流れを十分に尊重することが必要であろう．いずれにしても，両者を上手にバランスさせることが，難題ではあるが大切なことである．

地球サミットとアジェンダ 21 (Agenda 21)

環境保全と経済発展を共存させること，すなわち，持続可能な発展（開発）(sustainable development) を明示的に述べた国際会議が，1992 年の環境と開発に関する国連の国際会議（いわゆる地球サミット）であった．このとき，

表　アジェンダ 21 の概要

環境と開発の両立に必要な理念と原則，実行計画を示したもので，いわゆる地球サミットで採択された．全 40 章からなり，第 1 章は前文で，国際的な協力，先進国の役割などが述べられ，第 2 章以下は下記の内容を含む．
1. 社会的，経済的側面 (2-8 章)
    国際協力と国内政策，貧困の撲滅，人口動態と持続性，人の健康，居住，政策決定における環境と開発の統合
2. 開発に必要な資源の保全と管理 (9-22 章)
    大気，森林，砂漠化，持続可能な農業，海洋環境と生物資源，生物多様性，淡水資源，廃棄物・有害化学物質管理などの問題解決に向けた行動計画
3. 主なグループの役割 (23-32 章)
    開発主体としての女性，子供，青年，先住民，NGO，自治体，労働者，産業界，科学者・技術者，農民などの果たすべき役割
4. 実施手段 (33-40 章)
    実施のための資金，適正な環境技術の移転・協力，持続性のための科学，教育・啓発運動，国際的な機構・法制度

そのための理念とその実現に向けた21世紀に取り組むべき具体的行動計画としてアジェンダ21が採択された．その後，国連において毎年「持続可能な開発委員会」が開催され，その実施が継続的に推進されている．アジェンダ21は全40章からなり，対象は，**表**に示すように広い範囲に及んでいる．10年後の2002年には，南アフリカのヨハネスブルグで同様の会議が開かれ，持続可能性と南北問題が主題となった．化学物質のリスクに関する宣言も出されたが，これについては第6章でふれる．

演習問題

[1] 環境問題として，表4.1 (p.44) にあげた地球温暖化，オゾン層破壊，ごみ処理，大気汚染，水質汚染などがある．これらの中で身近に実感できる環境問題はあるか．具体例をあげて，その原因と有効な対策を考察せよ．

[2] 現在の大気中の二酸化炭素濃度は 370 ppm (2000年) であるが，この値が2倍に増加すると，地球の平均気温の上昇はどの程度になるか．(4.2) 式を用いて概算せよ．現在の $\varepsilon = 0.6$，二酸化炭素の ε への寄与度を 10 % と仮定する．

[3] 日本のすべての乗用車を燃費が 20 km L^{-1} の軽自動車にすると（高速や急な加速は避けるものとする），二酸化炭素の排出量はどの程度まで低下するか．現在は（中型車が中心），平均の燃費は 10 km L^{-1} であるとする．また，運輸部門の二酸化炭素排出量のうち乗用車の寄与を 50 % と仮定する．京都議定書で日本が約束した二酸化炭素に換算した削減量 (1990-2010年) は 7,500 万 t である．この値と比較して考察せよ．

第5章　ライフサイクルアセスメント（LCA）

　ライフサイクルアセスメント (LCA；life cycle assessment) は，製品などの全ライフサイクル (原料の採取から廃棄に至る全過程) にわたる環境負荷を定量的に評価する手法である．LCA を行って初めて製品などのもたらす環境負荷について妥当な判断ができ，環境改善の適切な手段が見いだせる．本章では，LCA の有用性と同時にその限界も学ぶ．

5.1　LCA (life cycle assessment) とは

　LCA とは，製品，プロセス，サービスの全過程それぞれについて (製品であれば，原料の採取から製造，消費，廃棄，リサイクルを含む，いわば"ゆりかごから墓場まで"の全ライフサイクル)，環境影響を定量的に算出し，それらからライフサイクル全体の環境への負荷を評価する手法であり，総合的な見地から環境負荷の少ない製品等の開発・普及をするためのものである．LCA は，ISO 14040 シリーズに規定されており，JIS Q 14040 にもなっている (ISO は International Standard Organization 国際標準化機構，JIS は Japanese Industrial Standards 日本工業標準規格)．これらによれば，LCA は，通常，製品を対象とし，入力，出力は物質とエネルギーである．また，LCA は，リスク評価，環境パフォーマンス評価，環境監査，環境影響評価などと共に，環境管理技法の一つでもある．

　製品のライフサイクルを図 5.1 の簡単なスキームに示す．図で四角に囲った領域を設定し (製品システム境界)，その領域への環境負荷となる物質，エ

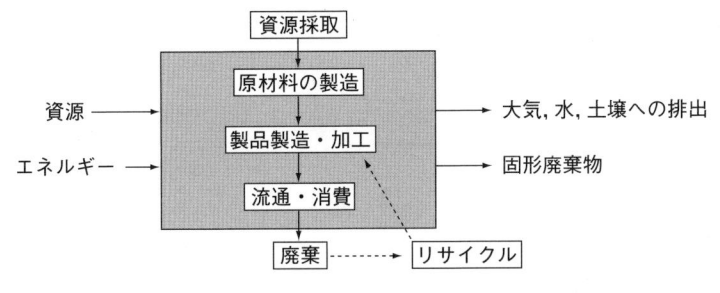

図5.1 製品のライフサイクル

ネルギーの出入りを定量する．

　この図からもわかるように，環境負荷にはさまざまなものがある．例えば，資源，エネルギーの消費が入力（インプット）であり，出力（アウトプット）には，製品や固形廃棄物の排出，さらに大気，水，土壌への二酸化炭素や有害化学物質の排出がある．これらを「環境負荷項目」，これらが及ぼす環境に好ましくない影響，例えば，地球温暖化，大気汚染，資源枯渇，健康影響などを「環境影響カテゴリー」ということがある．LCAは，省エネルギー，省資源を総合的に判断するうえで有力なツールであるが，以下に述べるような限界もあることを認識して，上手に使うことが大事である．図5.1にはあげていないが，コストや必要な労力の評価も重要である．労力の多寡はコストに一応反映されるが，家庭における主婦の労力は反映されないことになる．

　LCAの手法には，製品，サービスの構成要素を一つ一つ調べあげて，各要素の負荷を積み上げていく積み上げ法（process analysis）と，産業部門間のエネルギー，物質のやり取りを表に整理して環境負荷を求める産業連関分析法（input-output analysis）がある．まず前者について説明する．

5.2　LCAの手順（積み上げ法，process analysis）

　LCA（積み上げ法）の基本的な手順は，図5.2に示す目的設定，インベン

```
┌─────────────────────┐
│ 目的・調査範囲の設定 │
└─────────────────────┘
           ↓
┌─────────────────────┐
│   インベントリー分析  │
└─────────────────────┘
           ↓
┌─────────────────────────────┐
│ 環境影響の評価（インパクト分析） │
└─────────────────────────────┘
           ↓
┌─────────────────────┐
│      結果の解釈      │
└─────────────────────┘
           ↓
┌─────────────────────────────────┐
│ 適用（製品等の開発・改善の戦略立案等） │
└─────────────────────────────────┘
```

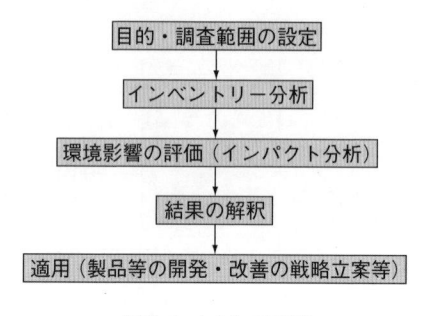

図 5.2　LCA の手順

トリー分析，環境影響評価の 3 段階からなる．これに結果の解釈（総合的判断）と適用（対策）を加えて 5 段階とすることもある．以下，各段階について説明しよう．

1）目的および調査範囲の設定

LCA を始める前に，まず，何のために，何について，どの範囲で評価するのか曖昧さのないように設定する．前提条件（境界条件）の設定と確認が含まれる．これらは，LCA の作業中に修正することもありうるが，最初にこの条件をしっかり認識しておくことが肝要である．実例をあとで紹介するが，例えば，対象について，どの特定の製品を選定するか，製造，廃棄の地域をどこに設定するかなどがある．また，評価対象をエネルギー消費量にするのか，物質資源の消費量にするのか，あるいは特定の環境影響にするのかなども決めておく．目的については，その製品の利用時のみの省エネルギーが目的なのか，製造，利用も合わせて考えるのが目的なのか，あるいは，複数の製品あるいは製造プロセス間の優劣を比較するのかなどを明確に決める．中途半端に決めておくと，途中で目的外の作業が混入して LCA がまとまらない．また，限定した条件の下に得られた結果が勝手に一人歩きして，適用すべきではない問題にまで拡張して使われたりすることにもなる．したがって，目的と条件の設定は LCA にとってきわめて重要である．これらの条件等は，当然，任意性があるので，それが外部から見てわかるようにしておか

5.2 LCAの手順(積み上げ法, process analysis)

ねばならない.

2) インベントリー分析 (データの収集と整理)

　LCAが対象とする製品やサービスについて,ライフサイクルの各過程で投入される資源,エネルギー(入力)および生産または排出される製品,排出物(出力)のデータを収集し,これら環境負荷項目を表にまとめる段階である.実はこの段階が難しい.第1に,すべての過程の信頼できるデータを揃えることは不可能なので,類推などによる推定値を用いることも必要である.寄与の小さい項目では無視することも許されるが,寄与の大きい項目では,推定の信頼性を評価し,その過程を明示することが求められる.また,入力も出力も複数の製品に関わることがしばしばあり,一つのデータを複数の製品に適切に振り分ける必要が生じる(アロケーションという).一般には,製品の重量比あるいは価格比で配分される.これらも外部から見てもわかるようにせねばならない.

3) 環境負荷の評価 (インパクト分析)

　一般には,インベントリー分析結果に基づいて,分類,特性化,総合評価の順に実施される.まず,目的に設定した環境負荷カテゴリーごとに分類する.次に,負荷項目ごとの環境影響の大きさを推算する.複数の環境負荷項目を環境影響カテゴリーに落とし込むためには,各負荷項目の影響の大きさを数値化して(特性化係数),各環境負荷の量にこの係数を掛け合わせたのち加え合わせて算出する.いくつもの環境影響カテゴリーを統合し,全体を単一の環境負荷で表現する試みもあるが,各環境影響の重要性の評価には個人や集団の価値観が入るので,この作業の難度は高い.これらにも任意性が残るので,作業の過程を透明にして外部からも妥当性が評価できるようにしておくことが必要である.

5.3 LCA 実施例

積み上げ法による LCA の実施例を通して，LCA の実際と効用そして限界を説明する．

5.3.1 食品用トレイ－紙とプラスチックの比較

目標・範囲の設定　大量に市場で使われる紙製およびプラスチック（PSP；発泡ポリスチレンペーパー）製の食品用トレイについて，トレイ1枚当たりのエネルギー消費量，大気汚染物質排出量を比較する．カバーするライフサイクル範囲は，下記のフローに沿って，海外・国内における原料の採取から輸送，製造，加工，流通，廃棄に至る過程について現状を反映するように設定する．なお，廃棄，リサイクルの過程はここでは考えていない．紙については，原料の約半分は回収した古紙であるが，そのための消費エネルギーは考えないという条件である．

```
PSP トレイ：原油→ナフサ分解→ PSP 製造工場→成形工場→小売店
         →家庭→清掃工場・焼却
紙トレイ：国内，海外原木伐採→チップ工場→製紙工場→成形工場→小売店
                        古紙―――――↑
         →家庭→清掃工場・焼却
```

データ収集　業界の公開データ，各企業の提供データをもとに代表値に近いと思われるものを技術者が選定し，複数の製品間に振り分ける．

解析と評価　PSP について各段階をみると，エネルギー消費，二酸化炭素排出，SOx 排出は製造段階が最も多く約半分を占め，NOx は輸送段階で多い．紙と PSP を比較すると，表 5.1 のようになる．環境負荷項目は，PSP トレイが紙トレイに比べ，SOx が同程度である以外は圧倒的に小さい．これは主と

表5.1 食品用トレイ—紙とプラスチックの比較 (1,000枚当たり)

	PSPトレイ	紙トレイ	紙/PSP
重量	4.4 kg	21.9 kg	5.0
天然資源	原油 4.40 kg	原木 11.4 kg	—
補助材料	発泡剤 0.16 kg	古紙 17.7 kg	—
エネルギー消費	1.96×10^5 kJ	6.08×10^5 kJ	3.1
大気汚染物質			
CO_2	14.6 kg	44.6 kg	3.1
NOx	0.015 kg	0.112 kg	7.5
SOx	0.074 kg	0.081 kg	1.1

PSP；発泡ポリスチレンペーパー
(エコマテリアル研究会：『LCAのすべて』工業調査会 (1995) より)

して，トレイ1枚あたりの重量が違うためである．すなわち，強度の大きいPSPの場合，紙に比べて約5分の1の重量で1枚のトレイを作ることができる．重量当たりのエネルギー消費はプラスチックのほうが大きいが（主に製造時の消費），1枚当たり5倍もある重量差により，1枚当たりのエネルギー消費は3分の1で済む．NOxは輸送時に発生するので，軽いプラスチックは有利である．

注意点 繰り返しになるが，この評価はここで設定した条件下のものである．PSPが枯渇性資源である石油から製造されるのに対し，紙は，再生可能資源と回収された古紙を活用している．このことの優劣はここでは論じていない．プラスチックもリサイクルは可能であるが，ここでは考慮していない．また，コストや使い心地も違うが，とりあえず無視している．これらの限定した条件内での試算ではあるが，表5.1の結果は，エネルギー，資源，そして廃棄物の問題を考えるうえで有用な知見を提供してくれる．買い物バッグについても，ポリエチレン製と紙製では似たような結果となる．リサイクルなど再資源化の功罪については，第10章で改めて考えることにする．

5.3.2 日常生活用品のLCA

コラム (p.75) に示すように，素材や製品によってエネルギー消費の形態

が非常に異なっていることが LCA を通して浮き彫りになり，とるべき対策の優先順位をつけるうえで重要な手助けになる．各種容器について，素材製造過程と製品化過程を分けて解析した類似の試算によると，PET ボトルでは，素材製造エネルギーの占める割合が 60 %，アルミ缶では 85 % となっている．これと対照的に，ガラス瓶は，素材製造エネルギーが 10 %，製品化エネルギーが 45 % である．エネルギーを節約するためにそれぞれどの段階に注目すべきかがわかってくる．また，自動車では，製造時の消費エネルギーに比べ使用時（走行時）のエネルギー消費がずっと大きいので，エネルギー節約のためには（消費エネルギーと二酸化炭素発生はほぼ比例するので，二酸化炭素排出抑制のためにも），燃費向上の効果が大きいことがわかる．

5.3.3 プラスチックのリサイクル

第 10 章で述べるように，さまざまなプラスチックリサイクル法が提案されている．エネルギー収支にのみ着目して，リサイクルする場合とリサイクルをしないで廃棄する場合を単純な LCA により比較すると（p.192 の図 10.10 参照），エネルギー利用上はサーマルリサイクルが最も良く，次いでマテリアルリサイクルで，ケミカルリサイクルは最もエネルギーを損する結果になり，リサイクルしない場合よりも悪い．プラスチックのケミカルリサイクルは，コスト面でも第 10 章で述べるように問題がある．にもかかわらず，プラスチックリサイクルに情緒的に期待を寄せる人が多い理由は，将来の技術や社会システムの改善によりエネルギー，コストの問題が解決されるとの期待，枯渇性資源である石油の節約につながるので好ましく思われること，また，リサイクルによりゴミ問題の解決に貢献する可能性があることによる．いずれが良いか結論は簡単には出せないが，情緒的に望ましいと思われることが，本当に合理性があるか否かは，LCA により定量的な評価をすることによって判断しやすくなる．

5.4 積み上げ法 LCA の有効性と限界

注意すべき問題点・注意点を整理すると，
1．評価事項，考慮する範囲，前提条件を選ばないと LCA ができないので，適用範囲が限定される．その際，限定条件を忘れて結果のみが一人歩きして，適用範囲を逸脱してしまわないよう注意が必要である．
2．大量のデータを必要とするが，信頼できるデータが揃わないので，推定値を使わざるを得ない．用いたデータの信頼性，妥当性に注意すると共に，それらが外部からわかるようにする．
3．複数製品の連産が多く，データを振り分けなければならないが，振り分け方（アロケーション）に任意性が残る．
4．複数の環境影響カテゴリーを統合して総合評価しようとすると，価値観を考慮しなければならないので難しい．例えば，地球温暖化と大気汚染やエネルギー消費は，トレードオフの関係になることが多いので判断が分かれやすい．

以上の問題点，注意すべき点はあるものの，それらを適切に把握したうえであれば，LCA は，非常に有効で有用な情報を与える．例えば，上述の実施例にあるように，
（1）ある製品のライフサイクル全体を考えて，ある特定の目的にとって有効な改良箇所を探すことができる．
（2）複数の製品やプロセスのような選択肢があるとき，ある特定の視点に立ち，いずれが優れているか判断する際，強力な根拠を提供する．

5.5 産業連関分析法 (input-output analysis)

産業連関分析とは，産業部門間，産業部門と最終需要間の金や物資のやり取りのデータを前もって解析しておき，それをもとに経済活動の波及効果を

表 5.2 簡単な産業連関表

(売り手) \ (買い手)		中間需要		最終需要	総生産
		産業 I	産業 II		
中間投入	産業 I	10	20	70	100
	産業 II	40	100	60	200
付加価値		50	80		
総生産		100	200		

(宮沢健一:『産業連関分析入門』日本経済新聞社 (2002) より)

分析する手法で，産業連関表 (input-output table) が基本になる．二つの産業部門からなる簡単な産業連関表の例を**表 5.2** に示す．産業 I の横の欄は，総生産量 100 のうち，最終需要に 70，産業 I に 10，産業 II に 20，供給していることを示している．一方，産業 I の縦の欄は，総生産 100 を生み出すために産業 I から 10，産業 II から 40 を供給され，これに付加価値 50 をつけて，100 になっていることを示す．この表の数値を総生産で割ったものを投入係数表といい，さらにそれから逆行列係数表を作って計算する．

表 5.2 に相当する表を，エネルギーと環境負荷物質のやり取りに適用して，LCA を行う．そうすると，ある生産をしたとき，どの産業部門でどのようなエネルギー消費や環境負荷物質が発生するかを計算で出すことができる．積み上げ法ではデータの収集や振り分けに難点があるが，産業連関表ではその欠点が解消される．ただし，欠点として，産業部門を相当細分化しても個々の製品の分析まではできないこと，既存の経済構造を前提にするので新技術の考慮や社会資本（ストック）の分析が困難なことなどがあげられる．

5.6 環境管理とその評価

環境改善の方策には，あとに述べる各種の技術的対策がある．また，それ

ら全体を運営するシステムもある．これらを総合的に管理するために，環境改善の効果とそのために必要な費用を体系的に評価するいろいろな手法が考案された．化学産業は，その製品として，材料を自動車，電機などの他業種に供給することが多い．そして最終的に消費者に至る．このサプライチェーン（製品，材料の流れ）に沿った効率的な評価と管理が求められる．

5.6.1 環境管理システム (environmental management system；EMS)

事業者が自主的に環境保全の取り組みを進めることを環境管理または環境マネジメントといい，そのための体制，手続き等を環境マネジメントシステムという．国際標準化機構 (ISO) は，ISO 14001 で環境マネジメントシステム規格を定めている．この中で，組織自らが行うサービスや作り出す製品が環境に与える影響を検討し，問題点を解決，良い点はさらに伸ばすための具体的方法を，計画し，達成していくための方法論が述べられている．その手順は，PDCA (plan, do, check, action)，すなわち，トップの方針宣言，現状の問題点の洗い出しと具体的改善目標と計画の設定 (plan)，改善計画の実施と運用 (do)，監視・測定・記録の管理による点検と是正処置等 (check) により実施を確保，トップによるレビューと改善 (action) の PDCA サイクルを継続的に行う．また，こうした取り組みと実施状況について，環境に配慮してチェックすることを環境監査という．

5.6.2 環境監査 (environmental audit)

環境監査は，監査基準を満たしているかどうかを客観的証拠によって評価する体系的な環境管理プロセスである (ISO 14010 規格)．環境の側面から行う経営管理手法の一つとして，環境に関する経営管理を促進し，会社が定めた環境に関する方針の遵守状況（法令遵守を含む）を評価する．環境保護のために組織や管理がいかによく機能しているかを組織的，実証的，定期的，

客観的に評価するものとされる．環境に配慮した企業活動にしていくためには，事業活動の環境に与える影響を十分認識すると共に，定期的にチェックする体制が必要で，多くの企業がすでに導入している．

5.6.3　環境効率 (environmental performance)

環境効率とは，(5.1) 式に示す製品やサービスの価値と環境負荷の比率である．環境負荷を低減するにはコストがかかる．コストも環境負荷も共に小さいほうが良いが，そうならないことが多い．ただし，両者を同時に実現する例も増えている．同じ価値なら環境負荷が小さいほうが良く，同じ環境負荷なら，製品・サービスの価値が高いほうが良い．

$$環境効率 ＝ （製品・サービスの価値）/環境負荷 \qquad (5.1)$$

製品・サービスの価値は経済的価値で評価することが多いが，製品の機能や消費者の感性など，定量的，一般的な評価が難しい価値もある．環境負荷も，前述のように，単一の統合的指標を得ることは難しく，通常，エネルギー消費量（二酸化炭素排出量にほぼ比例）など特定の指標に限ることが多い．

化学企業でも，この方法を取り入れて環境保全に取り組み，社会に伝達する試みが広がっている．ただし，「環境にやさしい」製品と主張する宣伝をよくみるが，この中には部分的な評価のみに基づいているものも少なからずある．全ライフサイクルを考慮した評価でなければ意味がないことを，消費者が認識し行動すれば，企業の宣伝活動も合理的になるはずである．その意味で消費者の意識，能力が大切である．ドイツの化学企業 BASF 社では，エコ効率 (eco-efficiency) を活用している．その場合，環境負荷は，独自の LCA により資源消費，廃棄物，危険性，健康影響等を評価し，適当な重み付けをして統合的指標にまとめる（図 5.3）．この企業では，この統合的指標と経済性を二次元のグラフに表示して判断し，経営戦略を決めると共に，社会に対し情報発信しているという（9.4 節）．

5.6 環境管理とその評価

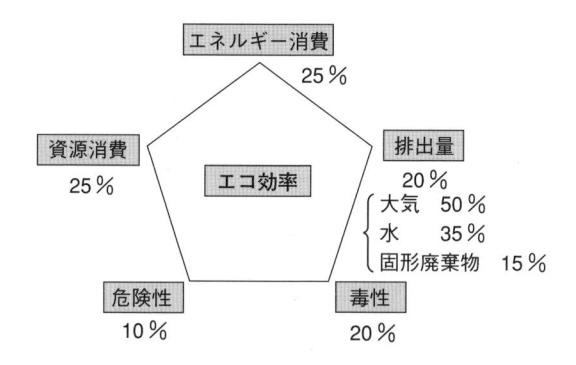

```
          エネルギー消費
             25％
資源消費              排出量
 25％   エコ効率    20％
                   大気    50％
                   水     35％
                   固形廃棄物 15％
   危険性      毒性
    10％      20％
```

図5.3 BASFのエコ効率における環境負荷の項目と
　　　重み付け（配点）
（BASF社ホームページより改変）

5.6.4 環境会計 (environmental accounting)

　環境会計とは，企業，国，自治体等が実施する環境保全対策を，その保全効果と必要なコストを考慮しつつ，できるだけ定量的に評価・管理する手法である．環境保全コスト，環境保全効果，環境保全対策に伴う経済効果から構成される．組織の環境保全への取り組みとその財務，環境パフォーマンスを利害関係者，社会一般に伝える手段でもある．環境マネジメントと異なり，環境と経済を具体的に連携させていることが特徴である．ただし，かかったコストや得られた経済効果のうち，どこまでを環境に該当するものとして配分するかに相当の任意性が残り，限界がある．

5.6.5 環境ラベル (environmental label)

　製品やサービスが環境にどれだけ配慮して作られたものかを一定基準のもとに評価して，製造者が製品等につけるラベルである．レベルの異なる3種類がある．

　タイプⅠ：第三者機関が定めた環境基準を満たすことを認証したうえでラベルをつける．日本の「エコマーク」(次頁カット参照) やドイツの「ブルー

環境ラベルの例
左：タイプⅠ（日本のエコマーク），
右：タイプⅢ（スウェーデン環境管理評議会．LCAデータ等を開示したウエブアドレスがついている）

エンジェル」など多数ある．視覚的にわかりやすく，広く普及している．

タイプⅡ：企業が自主的に宣言するラベル．自社で定めた環境基準を満たしている製品につける．「環境にやさしい」「リサイクル可能」などがその例で，第三者機関による保証はない．また，他社製品との比較は難しい．

タイプⅢ：LCAを用いて製品の環境影響を定量的に評価した情報を含むラベルである（カット参照）．第三者機関の認定を受けた評価手段を用いる．消費者に詳細な環境影響に関する情報を提供すると共に，事業者間の取引きに用いられる．ただし，信頼性は高いものの，一般消費者が活用するには内容がわかりにくいという難点がある．

5.6.6　環境アセスメント（environmental assessment）

環境に大きな影響を与える恐れのある事業，計画などを社会的に管理する手法である．高速道路，空港，都市・リゾート開発などの大規模事業が地域環境に与える影響を事前に予測，評価して，事業者が自主的に適切な環境保全対策を講じる．わが国では，当初環境汚染の未然防止の観点から導入され，地方自治体レベルで多く実施された．その後，アセスメント法が施行され（1999年），国の大規模事業すべてに環境アセスメントが義務づけられるに至っている．2005年に開催された愛知万博の計画修正が最近の例である．これらの中には，化学技術が関わる事業や，また，化学の視点からの評価が必要となることが少なくない．

生活用品の LCA とグリーン購入

図は，住宅，エアコン，洗濯機，自動車のライフサイクルにおけるエネルギー消費の相対的な量を表したものである．住宅は，使用する資材の製造エネルギーを含め，建設時の消費エネルギー（投入エネルギー）が支配的である．他の三者は，使用時の消費エネルギーの割合が大きい．例えば自動車の場合，製造時の投入エネルギーが 18.6 % であるのに対し，使用時エネルギー（ガソリン，軽油）は 81.3 % に達する．この結果から，自動車に関して省エネルギーを進めるためには，燃料消費効率（燃費）を改善することが有効であることがわかる．

グリーン購入とは，環境負荷の小さい製品を購入することによって，供給事業者に環境負荷低減を促す消費行動である．

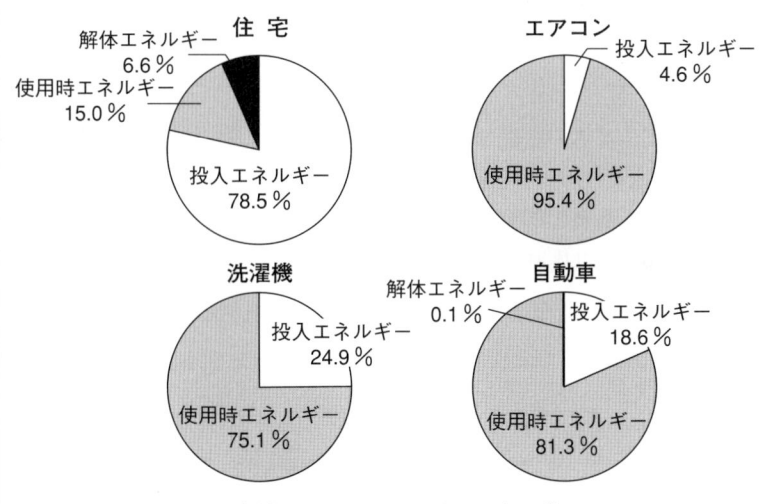

図 生活用品のライフサイクルエネルギー
（『環境白書（平成 14 年版）』(環境省，2002) を元に作図）

演習問題

[1] ライフサイクルアセスメント (LCA) のメリットと問題点 (限界) を整理して述べよ.

[2] 表5.1に基づいて, 紙とプラスチックのいずれを選ぶべきか自分の考えを述べよ. さらに別の良い方法があれば提案せよ.

[3] PET (ポリエチレンテレフタレート) ボトルのリサイクルについて, エネルギー消費量の観点からLCAを実施し, 単純焼却と二つのリサイクル法を比較して, プラスチックリサイクルの意義と課題を考察せよ. 計算にあたっては, PETボトル500 mL 1本35 g (本体以外に材料の異なるキャップやラベル, 塗料などが少量あるが無視する) について, 簡単のため以下の製造, 消費等の過程におけるエネルギー消費量を仮定せよ.

(ⅰ) PETボトルの製造

原油を日本に輸入するまで 20 kJ

原油からPET原料 (エチレングリコールとテレフタル酸) 製造 850 kJ

PET製造 300 kJ

ボトル成形・輸送 600 kJ

販売 (ボトリング, 輸送, 保管など) 200 kJ

(ⅱ) 廃棄物処理とリサイクル

(1) 単純焼却処理 (回収, 輸送を含む) 80 kJ

(2) サーマルリサイクル (熱回収)

a) 回収, 分別, 減容, 輸送等 200 kJ

b) 熱回収エネルギー －850 kJ

(3) マテリアルリサイクル

a) 回収, 分別, 洗浄, 減容, 輸送, 再生樹脂製造 600 kJ

b) ボトル成形・輸送・販売 900 kJ

第6章　化学物質のリスク評価と管理

広義の化学物質はすべての物質を含み，有用なものも有害なものもある．その多くは，身の回りで広く使用され，われわれの生活を豊かにしているが，使い方を誤ると健康や環境に悪影響が生じる．本章では，化学物質の危険有害性をどのように評価し，いかに危険有害性を抑えつつ上手に利用すべきか，その考え方，対策について学ぶ．

6.1 化学物質とリスク

化学物質が関わる環境問題には，大気汚染，水質汚濁，土壌汚染，食品・日常生活用品に含まれる有害化学物質，さらに，温室効果ガスによる地球温暖化，CFCによるオゾン層破壊などがある．本章では，化学物質の危険有害性について，まず，爆発，火災等の物理化学的危険性に簡単にふれたのち，環境を通しての健康，生態への悪影響，すなわち「環境リスク」とその管理法を解説する．

6.1.1 「化学物質」とは

「化学物質」は化学の立場からみた物質と定義されることが多い．この定義では，化学物質はすべての物質を含み，化学物質には有用なものも，有害なものもあることになる．人工的な化学物質で有用な例に，燃料，プラスチック，合成繊維，電子・情報材料，建築材料，医薬，農薬，公衆衛生用品がある．ここでは，この広義の定義で考えることにするが，純粋物質に限るとす

表 6.1　化学物質数の現状

既存化学物質（天然物を含む）：CAS 登録数			約 3,000 万種
工業的生産・流通：			約 10 万種
（うち OECD 加盟国で年産 1,000 t 以上は約 5,000 種）			
分解・蓄積，簡単な毒性データがあるもの：			
	新規物質	分解・蓄積	約 6,500 種
		毒性	約 3,500 種
	既存物質	分解・蓄積	約 1,500 種
		毒性	約 260 種

CAS；Chemical Abstracts Service（アメリカ化学会）

る定義もある．また，有害物質＝合成（人工）物質と思う人もいるようだが，猛毒物質は天然にも多数存在する．さらに，同じ物質でも有害性は使い方次第である．法律における定義は，「化学物質の審査及び製造等の規制に関する法律（いわゆる化審法）」では，元素または化合物に化学反応を起こさせることにより得られる化合物（放射性物質，特定毒物，覚せい剤，麻薬を除く），また，「労働安全衛生法（安衛法）」では，元素，化合物となっている．化学物質数の現状は，およそ**表 6.1** のようになる．

6.1.2　リスクと安全，安心

リスクとは危険性の程度であり，良くない出来事（火災，爆発，傷害，発がんなど．エンドポイントという）の重大さとその出来事の起こる可能性（生起確率）によって決まる．また，リスクを，特定の一つのエンドポイントを決めその生起確率と定義する場合もある．安全とは，リスクの大きさが許容できる場合である．いずれにせよ，リスクは確率的である．可燃性気体の爆発限界は数値が決まっていて，決定論的にみえるが，実際の使用に際しては，各種の変動要因があるので，爆発の可能性は確率論的に考えたほうがよい．いずれにしても，危険性がゼロ（絶対安全）ということはなく，良くないことが起こらないよう努力することによって，初めてリスクを軽減できる．一方，安心とは，危険有害性を心配しなくてもよいと思う心の状態である．した

がって，安全とはいえない状態なのに，そのことに気付かないために安心しているということもありうる．

第1章で述べたが，ある行為を選択する場合，複数のリスク間の比較やリスク-ベネフィット間の比較がかならず必要である．実は，われわれは日常この種の選択を常に行っている．例えば，前述のように自動車を利用すると自動車事故にあう可能性は少なからずあるが，危険に比べ便利さが大きいので多用する．また，ふぐ料理は中毒の可能性がない訳ではないが，美味であるため珍重している．もちろんそれぞれにリスクを低減するための努力が払われる．

6.2 化学物質の危険有害性

化学物質の危険有害性は，環境，健康，安全（EHS；environment, health, safety）に関わり，物理化学的危険性（爆発，火災など．物理的危険性，化学災害，化学安全ということもある），健康有害性（急性・慢性毒性，発がん性など），環境有害性（生態影響など）がある．また，製造工場などの労働環境における専門的な職業人や労働者が関与する場合と，一般消費者の手に渡ってからの場合とでは，リスクの性質や対策が異なる．いったん環境に放散されてから環境を通して人の健康や生態系へ及ぼす悪影響は，環境リスクとして取り扱われる．その他，悪意による使用，自然災害に誘発される事故，戦争やテロによる化学兵器の使用，医薬や健康食品の使用・摂取がもたらす化学的なリスクがある．

バイオハザード（生物災害）は，本書の対象ではないが，ウイルス，細菌，カビ，原虫などの微生物，または，核酸，タンパク質などの微生物構成成分，毒素などの微生物産生物に起因する人に対する健康被害のことである．組換えDNA実験，動物実験などに伴うリスクも含まれる．

6.2.1 物理化学的危険性（化学安全）

爆発性，高圧ガス，引火性，可燃性，自然発火性，禁水性，酸化性，腐食性などの危険性は，反応性の高い物質の急激な化学反応（主に発熱，分解）に基づく災害の危険であり，通常，物理化学的危険性と呼んでいる．また，2種類の化学物質を接触あるいは混合することにより起こる場合を混合危険性という．この中には，一方が水や空気の場合もある．例えば，固体（または高濃度）水酸化ナトリウム（苛性ソーダ）と水を接触させると急激な発熱が起こり火災を誘発することがある．

人身への危害，財産損失などの損害の大きさをハザードとすると，リスクは，すでに紹介した (1.1) 式 (p.11) と本質的に同じ次式で定められる．

$$\text{リスク} = \text{ハザードの大きさ} \times \text{ハザードの起こる確率} \quad (6.1)$$

爆発性物質には，硝酸エステル，硝酸塩およびニトロ化合物，銀の窒素化合物，アジ化物，有機過酸化物等がある．硝酸アンモニウム（肥料）の大爆発事故が過去に何回かあった（最近ではフランスのツールーズ，2001）．また，有害性に関しては，作業ミスにより化学反応が暴走して起こったセベソ事故（イタリア，1976）や，プロセス管理の不備により起こったボパールの事故（インド，1984）がある．セベソ事故の場合は，原料のトリクロロフェノールに由来するダイオキシンが大量に環境に放出された．死亡事故はなかったが，健康被害が生じ，一部で遺伝毒性の影響が懸念されている．ボパール事故は，有毒なメチルイソシナネート（イソシアン酸メチル，CH_3NC）が大量に漏洩して起こった悲惨な大事故であり，ホスゲンを原料とする化学プロセスの安全に対する配慮を欠いたプロセス管理が原因である．この事故は，技術倫理からみても問題が多い例である．これらでは，プロセスの安全管理の改善と同時に，危険化学物質を使わない・作らないというグリーンケミストリーの戦略（第9章）が大事である．

可燃性気体については，上述の爆発限界がある．例えば，空気中のメタン

では，5〜15％（容量）の範囲で爆発が起こりうる．ここで，5％を爆発下限，15％を爆発上限という．可燃性液体の燃えやすさは，引火点で表される．引火点は液体から発生する蒸気に火がつく最低の温度で，例えば，ガソリンは－30〜－50℃，メタノール11℃，灯油50〜60℃である．

6.2.2 人への健康有害性

健康有害性とはいわゆる毒性のことで，毒性には種々の分類法がある．法律の場合も，それぞれの法の趣旨に応じて異なる分類や区分がされている．統合的な分類や化合物名が望まれるが，まだ実現していない．通常，健康に対する毒性は一般毒性と発がん性，生殖毒性などに分けられる（後者を特殊毒性ということもある）．一般毒性には，急性毒性，亜急性毒性，慢性毒性，刺激などがある（急性：1日〜1週間，亜急性：月レベル，慢性：年レベル）．通常急性毒性が着目されるが，環境リスクでは慢性毒性が主な対象となる．特殊毒性には，発がん性，変異原性，生殖発生毒性，催奇形性（第2世代に奇形を引き起こす毒性）などがある．生殖発生毒性物質は，受精から出生，成熟に至る個体の発生過程で作用する．変異原性は，遺伝子に作用し，形質発現を変化させるもので（突然変異），発がん性と関連がある．変異原性の試験には，各種の細菌を用いるエイムス（Ames）試験が広く普及している．急性毒性について，経口の場合，毒物はLD_{50}（半数致死量）が$50 \, mg \, kg^{-1}$以下のもの，劇物は，同じく$50〜300 \, mg \, kg^{-1}$のものというように法律に定められている．

化学物質への主な暴露経路は，（1）経口，（2）吸入（経肺），（3）経皮の三つである．例えば，経口による暴露量は，主として，（食品中の濃度×摂取量）と（飲料水中濃度×飲む水の量）の和で表されるが，食器等からの溶出分が摂取されることもある．体内に取り込まれた物質は，吸収 → 分布 → 代謝 → 排泄（ADME：absorption, distribution, metabolism, excretion）の経路をたどる．吸収は，消化管，肺胞，皮膚から血液中への移動であり，その

表6.2 化学物質の有害性（毒性）を表す指標

NOAEL；No Observed Adverse Effect Level 無毒性量（ノアエル）
LOAEL；Lowest Observed Adverse Effect Level 最小毒性量，最小悪影響量
NOEL；No Observed Effect Level 無影響量
NOEC；No Observed Effect Concentration 無影響濃度
TDI；Tolerable Daily Intake 一日耐容摂取量
ADI；Acceptable Daily Intake 一日許容摂取量
LD_{50}；Lethal Dose 半数致死量
LC_{50}；Lethal Concentration 半数致死濃度
PEC；Predicted Environmental Concentration 予測環境濃度
PNEC；Predicted No Effect Concentration 予測無影響濃度
HQ；Hazard Quotient ハザード比
MOE；Margin of Exposure 暴露マージン（＝NOAEL/暴露量）
損失余命；Loss of Life Expectancy, Loss of Expected Life-Year

速度は物質の種類，暴露経路によって異なる．血液中に入った物質のうち，脂溶性で代謝・分解を受けない物質は主に皮下や肝臓の脂肪組織に分布，蓄積する．代謝・分解を受ける場合は，血中に溶け出し，肝臓で水溶性物質となり，腎臓から排泄される．クスリの挙動も同様である．なお，毒性の発現する箇所は，ベンゼンであれば血液（白血病），アスベストは肺（中皮腫）というように物質に特有である．

化学物質の有害性（毒性）を表すには各種の指標がある．主なものを表6.2にあげる．発がん性の程度を表す指標にもいくつかあるが，WHO（世界保健機関）傘下の国際がん研究機関（IARC）の場合，1, 2A, 2B, 3, の4グループに分ける．グループ1は，人に対する発がん性の確かなもの，グループ2には，発がんの可能性が高いもの（2A）と発がん性があるかもしれないもの（2B）がある．ただし，この分類は，発がん性の強さを考慮したものではないことに注意が必要である．

6.2.3 環境有害性

生態系への影響を知るには，まず，環境に放出された化学物質の環境内に

おける動態を知らねばならない．生態系は，生物群集と無機的環境の複合系であり，前者では，生物による化学物質の生産，消費，分解が起こり，後者では，大気，水，土壌，光などによる変換が起こる．化学物質は，水溶性，脂溶性の程度，蒸気圧などに依存して，大気，水，土壌，生物圏に分布する．さらに，これらの環境中で移動し，濃縮，変換（代謝），分解される．変換の主役は微生物群で，生物ピラミッドの最下層にあり，各種化学物質を変換，分解する．この作用を受けやすい物質が，生分解性が高いことになる．つまり生分解性は，環境中で自然に分解する速度で，環境中濃度を決める重要な因子である．通常，河川水や汚水処理場からの微生物群と適当な栄養塩を含む水中に当該化学物質を加えて分解速度を測定する．

蓄積性とは，環境に存在する化学物質が動物内に蓄積していく程度であり，通常，魚類を用いて試験される．生物濃縮の経路には，直接の摂食や呼吸による経路と食物連鎖を通して起こる間接濃縮がある．測定例を表 6.3 にあげる．海水中の濃度に比べ，魚類，鳥類では 1 万～百万倍に濃縮されている．これを生物濃縮係数という（表の｛ ｝内の数字）．生態系における有毒物質の運命と生態系への影響を扱う学問を生態毒性学（ecotoxicology）という．有害性は，生物の生死，成長阻害，繁殖阻害，卵・小魚期への影響，挙動への影響（遊泳阻害など），忌避行動などにより判断される．

表 6.3 海洋における水銀と DDT の食物連鎖による生物濃縮
｛ ｝内は生物濃縮係数

	濃度/ppm ｛生物濃縮係数｝	
	水銀	DDT
海鳥類	------ ｛--｝	3.1×75.5 ｛2×10^6｝
大型魚類	0.3–2 ｛2×10^4｝	0.1–2.1 ｛4×10^4｝
小型魚類	0.01–0.3 ｛3×10^3｝	0.2–1.0 ｛2×10^4｝
動物プランクトン	0.02–0.05 ｛5×10^2｝	0.1–0.4 ｛8×10^3｝
植物プランクトン	0.01–0.02 ｛2×10^2｝	0.004 ｛8×10^2｝
海水	0.0001 ｛1.0｝	0.00005 ｛1.0｝

（西原 力：『環境と化学物質』，大阪大学出版会（2001）より）

6.3 化学物質のリスク評価

本章のはじめにも述べたように，すべての物質は摂取量が過剰であれば毒になる可能性があるが，適切であれば栄養や薬になりうる．また，生物に必要な成分が不足しても悪い影響が現れる．

6.3.1 人の健康に対するリスクの評価

リスクは，好ましくない出来事をエンドポイントとして定め，「そのエンドポイントの生起する確率」で定義するか，あるいは，「物質または状況が一定条件のもとで危害を生ずる可能性」と定義される．後者では，好ましくないことが起こる可能性とそのことの重大性で決まり，(1.1) 式や (6.1) 式のように次式で定められる．

$$\text{健康リスク} = \text{ハザード（毒性）} \times \text{暴露（摂取）量} \quad (6.2)$$

化学物質の健康リスクの評価は，図 6.1 の手順で行われる．リスク評価には，特定の物質についてリスク評価を行う場合，物質は特定できていない段階でリスクの大きいものを探す場合，被害が出てから原因が何かを探す場合

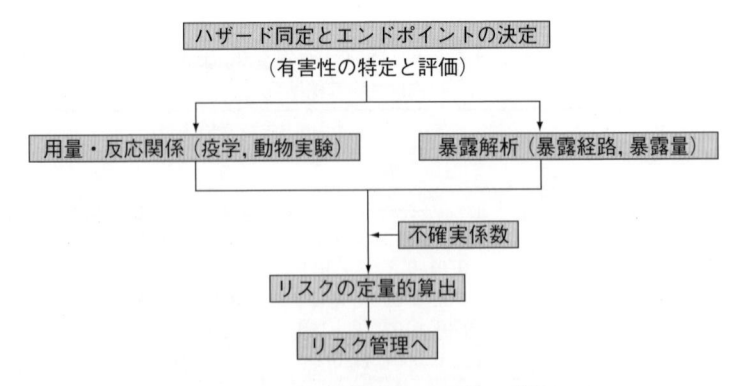

```
        ハザード同定とエンドポイントの決定
           （有害性の特定と評価）
          ↓                    ↓
用量・反応関係（疫学,動物実験）    暴露解析（暴露経路,暴露量）
          ↓                    ↓
                ← 不確実係数
                ↓
         リスクの定量的算出
                ↓
          リスク管理へ
```

図 6.1　化学物質のリスク評価の手順

などがある．いずれの場合も，エンドポイントに何を選ぶかで結論が非常に変わるので，まずはその選択が大切である．次に，有害性（ハザード）の程度，すなわち，暴露（摂取）量と悪影響の間の関係式（用量・反応関係）を，動物実験や疫学調査に基づき推定する．次いで，暴露量，暴露経路を推定する．暴露経路は，問題の所在を知り対策を立てて管理をするうえで重要である．これらに，不確実性に関する解析結果をつけ加えてリスク評価が行われる．この評価結果をもとに環境基準，水質基準，食品中残留基準などが決められ，リスク管理につながる．

1）用量 (dose)－反応 (response) 曲線

用量（摂取量）に対して生物の反応・影響をプロットした曲線である．用量に関してしきい値がある場合とない場合がある．しきい値とは，影響が現れない最大の摂取量である．通常，解毒作用があるのでしきい値が存在するが，発がん性において，発がん機構が遺伝子損傷による場合はしきい値がないとされる．いずれの場合も，図 6.2 に示す用量（暴露量）・反応関係が基本になる．

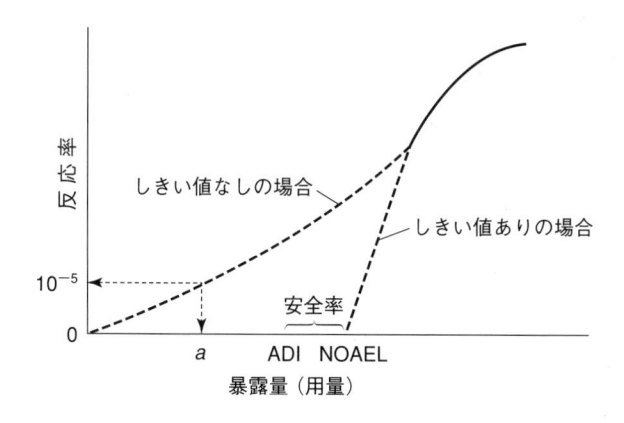

図 6.2 用量・反応関係

「しきい値ありの場合」と「しきい値なしの場合」．a は反応率（生起確率）が 10^{-5} になる横軸の値．
(中西準子ら『演習・環境リスクを計算する』（岩波書店，2003）を元に作図）

表 6.4 リスクの程度を表す指標の例

指標	対象	定義	評価法
MOE(暴露マージン)	非発がん, しきい値あり発がん	無毒性量/暴露量	不確実性係数と比較
HQ (ハザード比)	同上	一日用量/一日許容用量	＞1 リスクあり
リスク指数	同上	暴露量/安全量 ＝予測環境濃度/予測無影響量	同上
生涯発がん率	しきい値なし発がんの場合	ユニットリスク×暴露量	10^{-5}, 10^{-6} なら許容
損失余命	すべての物質	影響の発生率×損失量	物質間の相対比較

　しきい値, 無毒性量 (NOAEL) がわかると, それを一定の安全率 (不確実性係数という. UF; uncertainty factor. 複数の係数の積を不確実性係数積 UFs ということがある) で割って, 一日許容 (耐容) 用量 (ADI (TDI)) が決められる ((6.3) 式). 用量は, 摂取量, 暴露量と同義. 判断の仕方には, **表6.4** にあげたいくつかの方法がある. 例えば, (6.4) 式で定義されるハザード比 (HQ; hazard quotient) の場合, この値が 1 以下ならリスクなし, 1 を超えるとリスクありと判定される.

$$一日許容用量 (ADI) = 無毒性量 (NOAEL)/不確実性係数積 (UFs) \tag{6.3}$$

$$ハザード比 (HQ) = (一日用量)/(一日許容用量) \tag{6.4}$$

　また, 暴露マージンあるいは暴露の余裕度 (MOE; margin of exposure ＝ 無毒性量/暴露量, (6.5) 式) を使うこともある. これ自身は不確実性係数を含まない指標で, UFs が MOE より大きい場合にリスクありと判断される.

$$暴露マージン (MOE) = 無毒性量 (NOAEL)/暴露量 \tag{6.5}$$

　また, ハザード比と本質的に同じ意味をもつリスク指数が用いられることもある.

6.3 化学物質のリスク評価

不確実性係数積は，有害性データから基準値を決める際，不確実さを考慮し，基準値が安全側になるよう導入される．例えば，動物実験の無毒性量を使用する場合，動物と人間の種差による不確実さを 10，人間の個体差による不確実さを 10 として，それらを掛け合わせて不確実性係数積（UFs）を 100 とすることが多い．つまり，ADI あるいは TDI を，動物の無毒性量（体重当たり）の 100 分の 1 とすることが多い．データの信頼性などを考慮してさらに大きな係数を用いることもある．これらの値から環境基準が決められるが，不確実性係数の曖昧さゆえに，毒性に大差はないと思われる物質の基準値が大幅に異なることもある．

しきい値のある場合のリスクは，HQ を 1 と比較して，リスクあるなしの判定しかできないように見えるが，体内濃度にも感受性にも個人差があることを考慮すると，リスクの程度を集団として定量することになる．この関係を図 6.3 に示す．図中の影をつけた部分がリスクに相当する．(6.6) 式で，$f(x)$ は体内濃度の対数値が x である場合の確率密度であり，$\Phi(x)$ は体内濃度の対数値 x における個人の無毒性量の累積確率密度である．

$$\text{リスク} = \int f(x) \cdot \Phi(x) \, dx \tag{6.6}$$

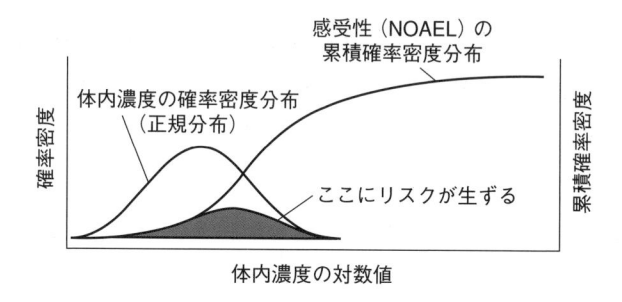

図 6.3　個人差の分布とリスクの発生
人の感受性にも化学物質濃度にも分布や変動がある．確率密度は，ある事象の起こる確率の全体に占める割合．
（中西準子ら：『演習・環境リスクを計算する』（岩波書店，2003）より）

図 6.4 化学物質の暴露経路

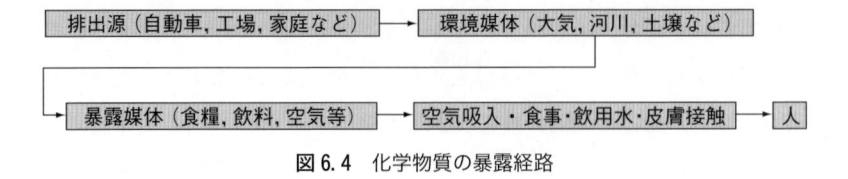

2）暴露解析

 有害性の評価と暴露量の解析がリスク評価の基本である．暴露量は図 6.4 に示す経路に従って推定する．比較的簡便な方法では，媒体，場所における化学物質濃度を測定あるいは推定し，この情報を個人または集団の行動特性，生理特性などと関係づけて暴露量（摂取量）を評価する．

6.3.2 健康リスク評価の実施例

1）化学物質の発がんリスク評価

 遺伝子毒性による発がんの場合，しきい値（無毒性量）が存在せず，わずかの暴露でもそれなりの影響があると考えられている．この場合，発がんの可能性は，(6.1) 式に類似の次式で計算される．

$$\text{発がんリスク（生涯発がん確率）} = \text{発がんポテンシー} \times \text{暴露量} \tag{6.7}$$

 生涯発がん確率は，ある化学物質に生涯暴露したとき，生涯の間で発がんする確率である．この確率が 10^{-5} ということは，10 万人に 1 人が生涯のうちにその化学物質が原因でがんになる可能性のあることを意味し，この値が許容値とされることが多い．発がんのハザードの大きさは発がんポテンシー（ある発がん率になる用量・暴露量．単位暴露量当たりの発がん確率），スロープファクター（用量反応関係式の傾き），ユニットリスク（単位量暴露したときの発がん率）などで表現される．

 EPA（米国環境保護局）によると，ベンゼンの経口発がんのリスクは，$3.5 \times 10^{-2}/(\text{mg/kg/日})$ である（体重 1 kg 当たり毎日 1 mg のベンゼンを生涯摂

取すると,生涯で 3.5×10^{-2} の発がんリスクの増加がある).体重 70 kg の人が,水道水質指針にあるベンゼン濃度 $10\,\mu g\,L^{-1}$ の水を毎日 2 L 一生飲むと,生涯の発がんリスクは (6.8) 式で計算され,リスク増加は 10^{-5} となる.左辺の最初の { } 内は体重 1 kg 当たりの毎日の摂取量.このようにして水道水の基準値が決められる.

$$\left\{10\,(\mu g/L) \times 2\,(L/日) \times 10^{-3}\,(mg/\mu g) \div 70\,(kg)\right\} \\ \times \left\{3.5 \times 10^{-2}\,(mg/kg/日)\right\} = 10^{-5} \quad (6.8)$$

2) ダイオキシン

市民にとって,最近の関心事は,ダイオキシン,"環境ホルモン"など環境中に放出された化学物質のリスクであった.ダイオキシンは,一時,大きな騒ぎになり,中小規模焼却場の使用中止・設備改善,大規模焼却場の大量建設があった.その後,(6.2) 式において,暴露量が小さいためリスクが低いことが判明し沈静化した.なお,主な摂取ルートは魚介類であり,その場合の量も今のところ許容量以下である.大気からの吸入による摂取はごく一部であること,母乳中のダイオキシン濃度は減少傾向にあること,焼却場周辺とそれ以外で濃度に差がないことからも,焼却場排煙の健康影響は心配ないとされている.なお,ダイオキシンは,多くの類似化合物の集合名であり,化合物によって毒性は異なる.最大毒性のダイオキシン化合物 (2,3,7,8-テトラクロロジベンゾ-p-ジオキシン) を基準にして,各物質の相対的毒性は毒性等価係数 (TEQ;toxic equivalents) として表される.

6.3.3 生態リスクの評価

殺虫剤 DDT は,難分解性,蓄積性であるため食物連鎖により鳥類に濃縮しその繁殖率の低下を招く.一方,DDT は,マラリアを媒介するハマダラ蚊の駆除に特異的に有効である (1.3 節参照).生態系保全を優先するか,大量のマラリア患者を救うかという相反関係の中で適切な対策を選択するには,DDT を使用した場合と代替品を用いた場合の健康・生態系改善,経済性

などを定量的に比較せねばならない．多くの場合，生態系のデータが不足し，かつ，評価法も未発達なため，評価は非常に困難であるが，DDT 濃度当たりの鳥類の減少率を試算した例がある．すでに述べたように，スリランカではあまりに多いマラリア患者の発生のため DDT の使用が認められた．生態リスク評価は，アセスメント法に基づく大規模事業の生態影響についても必要となる．

6.3.4 リスク評価の課題

リスク評価の手順は次第に確立され，また，次節で述べる化学物質の管理が進み，化学物質のリスクは全体としては相当に低減しつつあるものと思われる．とはいえ，十分ではないし，将来，新たな被害が起こらないとはいえない．以下にリスク評価の今後の課題をあげておく．

1）初期リスク評価と詳細リスク評価

詳細なリスク評価が有益なことはいうまでもないが，すでに評価された化学物質数は世界でもまだたかだか 100 程度であり，化学物質の総数に比較しあまりに少ない．そのため，有害性の一次的なスクリーニングのために初期リスク評価という手法が試みられている．初期リスク評価の結果，有害危険性が明らかに低いものは許容し，可能性の高い物質について詳細な評価をする．といっても，初期リスク評価された物質の数もそう多くはない．したがって，経験や類似物質からの類推による定性的な評価が日常生活においては重要な役割を果たすことになる（コラム (p.102) 参照）．

2）エンドポイントの選択－生活の質と感受性の個人差

エンドポイントとして死亡を選んだ場合，化学物質による平均余命の低下（損失余命）がリスクの尺度となるが，生活の質（QOL；quality of life）が悪化してから長生きしても嬉しくないので，生活の質を考慮したエンドポイントが必要である．また，多くの議論は平均値でなされるが，弱者にもっと配慮した評価を求める意見も強い．不確実性係数の中に個体差が考慮され安全

サイドに基準が設定されているが,それだけでは不十分だとする意見である.

3）不確実性係数など

不確実性係数の値が大きいと,基準値が低くなりすぎたり不必要な誤解を与えることがある.この係数値とそのばらつきを合理的に小さくすることが求められる.環境排出・暴露経路の推定精度の向上や複数の化学物質の複合暴露に伴う特殊なリスクの評価なども残された課題である.

4）構造活性相関 (structure-activity relationships)

定量的な構造活性相関を,特に quantitative structure-activity relationships (QSAR) という.薬学分野で薬理活性の推定に使われた手法であるが,近年では,化学物質管理分野でも,物理化学的性質や生物学的活性を推定するために研究開発が盛んに行われている.分子の構造的特徴や物理化学的定数と有害性のデータが既に知られている物質群を選んで（この物質群をトレーニングセットという),構造と活性の相関に関するモデルを作成し,そのモデルを使って有害性が未知の物質についてその有害性等を推定する.化学構造の特徴を表す分子量,部分構造,分配係数などのパラメータを記述子といい,構造相関モデルにおいて独立変数として用いる.トレーニングセットに含まれる物質に類似した物質に対しては高い精度で推定できるが,そうでない場合の推定精度は低くなる.

上述のように,接する機会のある化学物質数に比べて,有害性がわかっている物質の数が非常に少ないことを考えると,構造相関の手法が,一次スクリーニング等に活用されることが期待される.すでに生物濃縮係数と1-オクタノール/水分配係数の間には比較的よい相関が認められており,日本の化審法審査において生物濃縮性の評価に部分的に利用されている.米国の有害物質規制法（TSCA；toxic substances control act）の審査においても,生産量の低い場合に構造活性相関による評価が活用されている.

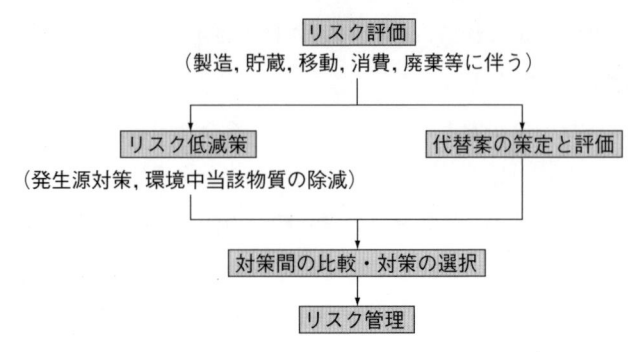

```
                    ┌─────────────┐
                    │  リスク評価  │
                    └─────────────┘
              (製造, 貯蔵, 移動, 消費, 廃棄等に伴う)
                  ┌──────┴──────┐
          ┌───────────────┐ ┌───────────────┐
          │ リスク低減策  │ │ 代替案の策定と評価 │
          └───────────────┘ └───────────────┘
         (発生源対策, 環境中当該物質の除減)
                  └──────┬──────┘
                ┌─────────────────┐
                │ 対策間の比較・対策の選択 │
                └─────────────────┘
                         │
                  ┌─────────────┐
                  │  リスク管理  │
                  └─────────────┘
```

図 6.5　化学物質のリスク評価とリスク管理

6.4　化学物質のリスク管理

リスク評価の結果に基づいて，化学物質のリスクを低減するための有効で合理的な対策を選択して実施することをリスク管理という（図 6.5）．科学的に不確かな要素があるリスク評価をもとに，合理的な意思決定をすることには，当然，注意が必要である．さらに，価値観や感受性が社会や個人によって異なる中で，いかに社会の合意を形成しつつ判断をするかという問題もある．評価者と管理者が異なる場合が多いので，それら相互のコミュニケーションも非常に大事である．

6.4.1　リスク管理の諸原則

かつて，発がん性が少しでもあるものは使用禁止にするというゼロリスク原則〈絶対安全の原則〉の考えがあった．食品添加物の発がん性に関するデラニー条項（米国，1958）がその例である．もし，リスクをゼロに近づけようとすると，莫大なコストがかかることになる．その後，ゼロリスクは不可能であることが認識され，いわゆる「等リスク原則」が一般に受け入れられるようになった．この原則は，「一定のリスクは受け入れ，リスクがそれ以上になるとき初めて規制を導入する」というものであり，新しい規制には significant risk〈無視できないリスク〉の存在の証明が必要とされることが多くなった．

　関連した考えに予防原則（precautionary principle）や予防的方策（precautionary approach）がある．不確実なリスクがあるとき（例は山ほどある），すぐに禁止・規制すべきか，それとも研究の進展を待ってリスクの確実性が高まってから対策をすべきかという難しい意思決定に関する問題である．この点に関しては意見が分かれているが，悪影響の恐れがあるとき，それが不確実であっても放置せず何らかの対応（過度になる必要はない）をとるべきだという点はおおむね一致している．

　もう一つの重要な原則は，「リスク便益（リスクベネフィット）原則」で，そのための解析をリスク便益分析という．まず，単位量のリスクを削減するために必要な費用を求める．この結果は，複数の対策の中から効率の高いものを選ぶことに利用できる．次に，リスク削減によりもたらされる便益の大きさを金額で推定する．リスク削減の費用と便益の増加を比較して対策が選ばれる．

　これらの手法は，社会全体に関して平均的な効率，合理性を考えるもので，現実に費用と便益を社会の中でどのように分配すべきかについては発言していない．例えば，社会内の少数弱者に対する配慮をどうするかという問題が残る．これを考慮する考え方を「衡平〈公平〉の原則」という．

6.4.2　管理手法

　技術的な手法と社会経済的な手法がある．技術的な対策については第7〜9章に詳しく述べる．社会経済的な対策には，まず，環境基準，法規制，自主管理（後述），環境対策への助成などがある．近年，技術的対策だけでは十分な効果をあげることが難しくなっているため，社会経済的対策は，次第に重要性を増している．理由は，他の発生源やトレードオフを伴う事象の影響が無視できないほど大きくなっていること，また，個々の技術開発の改善が極

限に近づいている場合が多いことによる．自動車の排ガス対策一つをとっても，交通対策，都市政策の改善なしには効率的な低減は困難であるし，また，各種の排ガス対策は，いずれも二酸化炭素排出量の増大という別の問題を起こすからである．このように，環境の問題では総合的な評価と対策がますます必要になっている．

6.4.3 食品の安全管理

食品に含まれる農薬等の化学物質や非意図的に発生する環境汚染物質による健康へのリスクを許容レベル以下に抑えるため，リスク評価，管理，コミュニケーションに基づく管理行政が導入されている．さらに，輸入食品を含めたポジティブリスト制も平成18年から施行された．ポジティブリスト制とは，基準が設定されていない農薬等が一定量（厚生労働大臣が定める，健康を損なう恐れのない量．一律基準 = 0.01 ppm）を超えて残留する食品の製造，輸入，加工，販売等を原則禁止する制度である．現段階では，平均の摂取量は許容量に比較して小さいが，一部に残留農薬濃度の高い輸入食品が発見される例があり，産地，輸入時，流通時に検査が行われている．

また，後述する自主管理の必要性が高まり，自主的取り組みとして，生産段階における適正農薬規範，製造・加工段階での危害分析・管理方式，ISO 22000（食品安全管理システム－フードチェーン）の導入促進が食料・農業・農村基本計画に明記された．

6.5 法規制と自主管理

リスク低減，安全管理の対策には，法規制によるもの，補助金，税等の優遇策による誘導など行政が主導するものと，企業等が自主的に行う管理がある．以下に法規制の代表例をあげるが，一律の基準に基づく行政による管理が技術的にも経済負担の点でも困難な場合があること，国民の自主性と自己

6.5 法規制と自主管理

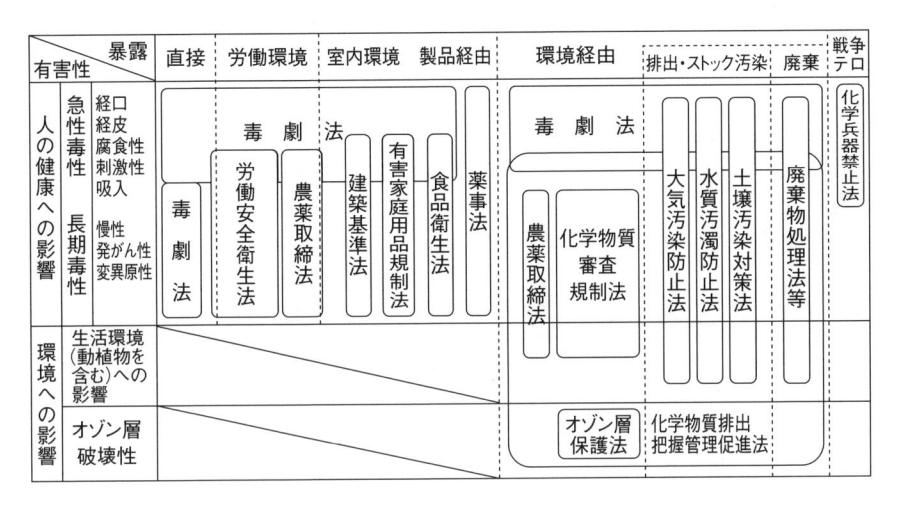

有害性	暴露	直接	労働環境	室内環境	製品経由	環境経由	排出・ストック汚染	廃棄	戦争テロ
人の健康への影響	急性毒性（経口・経皮・腐食性・刺激性・吸入）／長期毒性（慢性・発がん性・変異原性）	毒劇法	毒劇法／労働安全衛生法／農薬取締法	毒劇法／建築基準法	有害家庭用品規制法／食品衛生法／薬事法	毒劇法／農薬取締法／化学物質審査規制法	大気汚染防止法／水質汚濁防止法／土壌汚染対策法	廃棄物処理法等	化学兵器禁止法
環境への影響	生活環境（動植物を含む）への影響								
	オゾン層破壊性					オゾン層保護法	化学物質排出把握管理促進法		

図6.6 日本の主な化学物質管理関連法令の分類
（総合科学技術会議資料（2006）より）

責任を尊重するとの理由により，次第に自主管理，事後監視型の管理の重要性が増しつつある．ただし，自主管理の実効を保証するには，自主管理のマニュアル化と記録化，さらに自主管理システムの第三者による認定などが必要となる．また，事故後の処理がしっかりと担保されていなければならない．

6.5.1 国内法

主要なものについて以下に解説する．化学物質に関連する主な法律を図6.6にまとめて示しておく．なお，以下の記述において環境基準とは目標値であり，排出基準とは守るべき基準である．

1) 化学物質の審査及び製造等の規制に関する法律（略称；化審法）

事前審査による管理としては世界最初の法律．PCB問題を契機として1973年に制定され，1986年改正，さらに，2003年生態毒性を考慮するよう改正された．1物質1t/年を超える新規物質に対して事前の審査を必要とする．全量が中間体として利用されるものや輸出専門のものは除外される．審

表6.5 化審法の規制対象となる化学物質とその性質の概略

区分 （カッコ内は 2006 年 10 月末時の物質数）	分解性[†]	蓄積性	人，動植物への毒性
第1種特定化学物質（15）	難	高い	人または高次捕食動物に対し長期毒性あり
第2種特定化学物質（23）	難	高くない	人または生活環境動植物に対し長期毒性あり
第1種監視化学物質（25）	難	高い	人などに対し長期毒性の疑いあり
第2種監視化学物質（861）	難	高くない	人などに対し長期毒性の疑いあり
第3種監視化学物質（51）	難	高くない	動植物一般に対し支障を及ぼす恐れあり（生態毒性）

[†] 分解しやすい場合は，分解生成物について．

査の判定はおよそ表6.5のように分類される．第1種特定化学物質（難分解性，高蓄積性，長期毒性あり）はPCBなど，第2種特定化学物質（難分解性，低蓄積性，長期毒性あり）はトリクロロエチレンなど，ほかに第1種〜第3種監視化学物質がある．第1種監視化学物質は第1種特定化学物質に該当する疑いのあるもの，第2種監視化学物質は法改正前の指定化学物質に相当し，難分解性，低蓄積性で，長期毒性の疑いがあるもので製造・輸入の届出が必要なもの．個別にリスクを評価した後に特定化学物質に該当するか否かが判定される．既存物質の取り組みは遅れていたが，近年になって，産官共同で物性，毒性データの収集が進められている（ジャパンチャレンジ計画）．

2）特定化学物質の環境への排出量の把握及び管理の改善の促進に関する法律（化学物質管理促進法，化管法；PRTR と MSDS）

事業者による化学物質の自主的管理の改善を促し，環境保全上の問題の未然防止をはかる法律．環境への排出量の把握等を行う PRTR (pollutant release and transfer register) 制度および，事業者が化学物質の性状および取扱いに関するデータシート（MSDS；materials safety data sheet）を提供する仕組みを導入している．平成11年制定．主に慢性毒性が対象．第1種指定

化学物質 (PRTR, MSDS) 354 物質, 第 2 種指定化学物質 (MSDS のみの対象) 81 物質があり, 第 1 種指定化学物質については, 毎年, 排出量等が対象事業所から報告され, 国が集計公表している. 届出の義務のない小規模の移動排出源や対象外の業種 (家庭, 農業など) については国により推計が行われ同様に公表される. PRTR 制度実施後, 企業の自主的取り組みにより, 排出量の着実な低減がもたらされている. MSDS は下記の安衛法, 毒劇法にも定められている. ちなみに, 脚注に 2005 年の PRTR データをあげる[†].

他の関連する法律について, 主な法律名と危険有害物質の区分の例をあげると,

ⅰ) 環境基本法：環境の保全のための基本的な理念と総合的施策を定める法律. また, 環境負荷, 公害等を定義している. さらに, 大気汚染, 水質汚濁, 土壌汚染, 騒音を対象に環境基準値が設定されている. 排出基準は次項の大気汚染防止法, 水質汚濁防止法, 土壌汚染防止法等で個別に決められる. 環境基準のある物質は, 大気について 5 物質 (NO_2, SO_2, CO, 浮遊粒子状物質 (SPM；suspended particulate matters), 光化学オキシダント) とベンゼン等が, 水質について, 健康保護に関するものとして 25 種 (Cd, Pb, シアン, 有機塩素化合物等), 生活環境に関するものとして水素イオン濃度 (pH), 生物化学的酸素要求量 (BOD), 浮遊物質量 (SS), 溶存酸素量 (DO), 大腸菌群数, 全窒素量, 全りん量が, 土壌に関して Cd, As, シアン, 有機塩素化合物, 農薬等がある.

ⅱ) 大気汚染防止法：NOx, SOx, ばいじん, 有害大気汚染物質 (ベンゼン, トリクロロエチレン, ダイオキシン類など 234 物質, 優先取り組み物質 22 種), 揮発性有機化合物等がある.

ⅲ) 消防法：火災の予防, 被害の軽減が目的. 危険物 (発火・引火性のある

[†] 届出排出量 25.9 万 t (主に大気への排出), 届出移動量 23.1 万 t (主に廃棄物として). 推定排出量は対象外 17.0 万 t, 家庭 5.5 万 t, 自動車等移動体 12.4 万 t で計 34.9 万 t である. これらを合わせると 83.8 万 t.

物品で6類に分類されている），指定可燃物，毒劇物等は届出が必要である．製造，貯蔵，運搬についても規制されている．

　iv）毒物及び劇物取締法（毒劇法）：毒物および劇物について保健衛生上の見地から取り締まる．医薬品以外が対象で，毒物，劇物，特定毒物を定め，その製造，輸入，販売等を規制．

　v）労働安全衛生法（安衛法または労安法）：職場における労働者の安全と健康を確保し，快適な職場環境の形成を促進することが目的．労働基準法と車の両輪．化学物質を取り扱う際の重要な法律である．有害性調査制度，化学物質管理指針，製造等禁止物質，製造許可物質，要表示有害物質，特定化学物質傷害予防，有機溶媒中毒予防等の規則が含まれる．

　その他の法律としては（簡略名称），薬事法，農薬取締法，食品衛生法，食品安全基本法，有害家庭用品規制法，水質汚濁防止法，水道法，廃棄物処理法，土壌汚染防止法，化学兵器禁止法（化学兵器になりうる化学物質の国際管理），悪臭防止法，高圧ガス保安法，火薬取締法等がある（図6.6参照）．なお，物質数は，随時追加あるいは変更されるので，最新情報はインターネット等で調べるとよい．

6.5.2　国際条約等

主要なものを以下に解説しておく．

RoHS (restriction (of the use) of (certain) hazardous substances (in electrical and electronic equipment)) 指令は，Pb, Hg, Cd, 六価 Cr, PBB（ポリ塩化ビフェニル），PBDE（ポリ臭化ビフェニルエーテル）の6種の元素，化合物の電気・電子製品への使用を大幅に制限する EU の指令．2006年7月より発効．バーゼル条約は，特定有害廃棄物等の国境を越えての移動を管理する条約．モントリオール議定書は，国際的に協調してオゾン層保護対策を推進するためオゾン層破壊物質の生産禁止・削減等の規制措置を定めたもの．数度にわたって規制が強化された．1987年採択．POPs 条約（ストッ

クホルム条約)は，残留性有機汚染物質（POPs；persistent organic pollutants）に関する条約．2001年採択，2004年発効．GHS（globally harmonized system of cassification and labelling of chemicals，化学品の分類および表示に関する世界調和システム）は，化学物質の危険・有害性を分類して容器・成形品等に簡単な絵つきのマークで表示する国連を中心とした動きである．

REACH（registration, evaluation, authorization and restriction of chemicals）規制は，欧州議会において長年審議され2007年6月施行されたもので，量により異なる猶予期間があるが，既存および新規の化学物質すべてについて，化学物質を扱う事業者に安全性を立証し，情報を登録することを義務づける．EU内で化学物質を使用，あるいはEUへ輸出する際に登録が必要．当該化学物質を含む製品も対象となる．広範な物質を対象とするので，EU内外の製造，販売業に対し公正性を欠かぬよう，また過大な経済負担にならぬよう具体的な実施法が議論された．2008年，フィンランドに欧州化学品庁が設置される予定である．

6.6 化学物質管理の今後のあり方

1）ハザード管理からリスク管理へ

これまでの管理は，リスク評価もある程度は考慮されているが（例えば，第2種監視物質の指定物質への移行に関する判断），主として化学物質固有のハザードに基づいてなされてきた．現在は，暴露量をあわせ考慮した「リスクに基づいた管理」に重点が移行しつつある．化審法の運用も同様である．かつて，米国でサッカリンの発がん性が問題になって使用禁止になることになったが，リスク評価の結果，サッカリンのほうが砂糖による肥満に比べ平均余命の減少が小さいことがわかり，使用禁止にならなかったといわれる．ダイオキシンもハザードがかなり高いと推定されるが，前述のように，

暴露が小さいためリスクとしては大きくない．

2）法規制から自主管理へ

上述のように，各物質について定量的なリスク評価をして規制値を一律に決めることは，多大な労力を必要とし，必ずしも効率的ではない．他方，PRTR，レスポンシブルケア運動など，自主管理の有効性が実証されつつある．食品の安全における化学物質のリスク管理においても，多様な食品，長い食品供給チェーンのため，一律の規格や基準を設定することは困難で，自主管理，第三者認定の重要性が増している．自主管理だけで済む問題ではないが，法規制だけでは限界があることも事実である．

3）リスク評価に基づく管理の課題

詳細なリスク評価がされた物質数は限られていて（リスク評価が済んだ物質は，リスクの大小に関わらず使用する場合の注意の仕方がわかるので安心して使える），膨大な数の化学物質の中で生活している人類にとって，詳細リスク評価のみに基づいてリスクを判断し「安全」を保証することはとてもできない．定量的構造活性相関（QSAR）のような既知の知見からの類推による評価や，以下に述べる市民の常識的判断も重要である．弱者への配慮や負担の分担法も課題として残る．

4）常識の重要性とリスクコミュニケーション

多種類の化学物質が大量に存在する中で，市民レベルで健全な判断をするには，市民が化学物質のリスクに対する常識（「基本的な考え方」と「最小限の知識」）をもつことが必要である．といって，市民に過大な負担を求めることもできない．専門家と市民の間の適切な双方向コミュニケーションによりリスク情報を共有し，協力して判断することが不可欠である．

リスクコミュニケーションは，元来，工場等の新設や拡張の際に，周辺住民，地域コミュニティーに十分説明して了解を得るための手法であった．近年では，各種新製品，新事業に関して，地域，社会の了承を得るための情報伝達，説明のことを指している．手間をかけても社会の合意を得つつ進めた

ほうが，長い目で見ると社会にとっても化学・技術にとっても健全で効率的であると信じられている．

5）国際調和

REACH，GHSなど化学物質管理のグローバル化が進み，国内および国際的な整合性が求められる．

6.7 その他の問題

1）化学安全と製品安全－共通点と相違点

機械安全性の場合，リスクを被害の大きさと発生確率で評価し，それをもとに安全を考える．この点は，化学安全と類似している．リスク低減に，事前評価，事前予防，運用維持，事後（事故の影響の軽減）の各段階における安全技術と制度が必要とされる．機械に関しては，（1）本来安全性（製品自身のリスクを極小化），（2）安全装置（故障時に安全に停止するなど），（3）使用上の注意（取扱い説明書）が安全にとって必要とされる．また，トレードオフを考え，リスク間，リスク－ベネフィット間比較をして判定・意思決定すること，ユーザーが専門職であるか一般消費者であるかで考え方が違うことも化学安全と似ている．しかし，かなりのリスクを伴うが自己責任が自覚される（かつベネフィットも大きい）自動車と，"化学物質"のように環境に放出され意識されずに摂取されかつリスク情報が少なく不安を伴いがちな場合では，相当異なる面もある．

2）食などの安全と化学物質

栄養がバランスし安全で美味な食品が，健康にも充実した生活にも望ましい．食品衛生法では，口にするもののうち，医薬品，医薬部外品以外は食品とされる．食品添加物については，食品衛生法で規定されたリスト中の物質のみの使用が許される．いわゆる健康食品やサプリメントは，情緒的な宣伝に惑わされがちであるが，功罪が明確になっていないものや，あとになって

有用性が否定されるものも少なくない．そのため，保健機能食品制度が導入され，相当数の品目が機能性食品として認定された．この場合，医薬品的効能をうたうことや医薬品成分を添加することは薬事法で禁止されている．

　食糧確保に農薬は必要だが，農薬の乱用が生態系を変化させることは確かで，適切な管理が望まれる．ただし，通常の使用で発がんなどの健康影響が確認された例はない．薬事法の規制対象である医薬品の効果と副作用は本書の範囲外であるが，抗生物質の乱用が耐性菌の出現を促し，日常生活における公衆衛生用品，洗浄剤，殺菌剤の普及が，人と共存すべき微生物までも絶滅させ人間の耐性（免疫性）を低下させてしまうことは問題かもしれない．

毒とクスリと犬とネコ

　化学物質に関する必須の常識は，リスク判断には定量的概念が不可欠であること．つまり，「毒とクスリ」の違いは程度問題であり，用量が適切なら薬となり，過剰なら毒になることである．猛毒を治療に利用する研究がある一方，風邪薬で殺人をするケースもある．「犬とネコ」とは，脚の長さや毛の長さをいくら厳密に測っても区別できないが，たいていの場合，一目見れば常識で区別できることを意味している（カット）．このように，判断には常にある種の常識が有効かつ不可欠で，化学物質におけるリスク判断においても，市民の常識は欠くことができない．リスク情報の存在する化学物質の数が非常に少ないことも，それにもかかわらず人はおおむね安全に生活してきたことも，ともに事実である．

　一般市民に正しい知識が十分に伝わっていないことは次の例からもうかがえる．発がんの原因として何が重要と考えるかを調べたところ，一般市民と専門家では認識が非常に違うことがわかった（表）．市民が心配する食品添加物や農薬は，専門家による疫学研究の評価結果の上位にはない．市民の認

6.7 その他の問題

表 発がん性についての市民の認識と疫学的研究結果の違い

市民の認識	食品添加物 (44 %) > 農薬 (24 %) > たばこ (12 %) > 大気汚染 (9 %) > タンパク質のこげ (4 %) > ウイルス (1 %)
疫学的調査	通常の食品〈栄養の偏りなど〉(35 %) > たばこ (30 %) > 性生活・出産 (7 %) > 職業病 (4 %) > アルコール (3 %) > 放射線・紫外線 (3 %) > 大気汚染 (2 %)

識がマスメディアの大きな影響を受けてゆがめられていることがわかる．化学者コミュニティーから市民への情報伝達を強化すると共に，市民の知識や理解力とマスメディアの力量の向上が必要である．ただし，化学者コミュニティーの意見がわかれることもしばしばあるので，オープンな議論，双方向コミュニケーションが大切．ちなみに，エタノールや木材（粉）は IARC（国際がん研究機関）の分類で発がん性が高いとはいえないが，発がん性が確かなグループ 1 に属する．

ナノテクノロジーとナノ材料のリスク

ここでいう「ナノ」とは，ナノメートル (nm = 10^{-9} m) レベルの長さ，つまり，1～数百 nm のサイズのことで，このレベルの構造制御によって有用な機能を獲得した材料がナノ材料，それらの測定，製造，利用技術がナノテクノロジーである．カーボンナノチューブやファイバー(図)，金属微粒子，無機・有機・バイオ系ナノ物質を基礎に，すぐれた機能が開発されるものと期待されている．

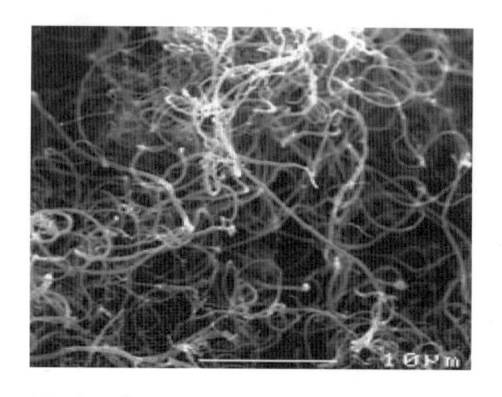

図 カーボンナノファイバー(持田 勲 博士 提供)

一方で，これらはきわめて微小なため，生体の最深部まで到達しやすく，細胞内への侵入も容易であろうと推定される．また，空気中を浮遊して長期

間滞留する，あるいは表面積が大きく化学反応性，触媒・吸着活性が高い可能性もある．そのため，ナノ材料の物質固有のリスクに加え，ナノ材料の形状に基づく新たな健康リスクの存在が懸念されている．実際，アスベスト（石綿）のように大きな被害が発生した例もある．また，ナノテクノロジーは医療への応用も期待されているので，生命倫理の問題を起こす可能性がある．

しかし，ナノ材料の健康リスクに関するデータはほとんどないのが現状であり，現在，応用研究と並行して，リスクについての検討が活発に行われている．今後，データを開示し，市民と専門家が情報を共有しつつ，また国際的連携のもとにリスク評価と応用開発を進めることが必要である．その意味で，ナノテク，ナノ材料のリスク評価は，新技術の開発のあり方に関する良いケーススタディになるともいえよう．

意図的に合成したナノ材料以外にも，アスベストやディーゼル自動車が排出する「すす」（粒子状物質）のようなナノ物質，材料がある．アスベストは，数十 nm×数十 μm の繊維状で，すぐれた耐熱性，断熱性，耐薬品性，強度を活かして建材，電機・自動車部品等に広く使われた．肺に吸入され 15～40 年の潜伏期間ののち，中皮腫を経て肺がんに至る．有害性は早くから知られ規制もされていたが，不十分であったため多くの被害者が出ている．有害性は青石綿（クロシドライト）＞茶石綿（アモサイト）＞白石綿（クリソタイル）とされる．ディーゼル自動車の場合は，軽油の不完全燃焼が避けられず炭素質のナノ粒子が排出される．環境基準である 10 μm 以下の浮遊粒子状物質全体に占める自動車由来のナノ粒子の割合は大きくないが，含有する芳香族成分の有害性が懸念されている．第 7 章で述べるように，現在，排ガスの対策技術の開発が活発に行われている．

演習問題

[1] 化学物質のリスク管理の標準的な手順を説明せよ．
[2] ホルムアルデヒドの無毒性量（NOAEL）は，15 mg/kg 体重/日である．不確実係数を 100 とすると，一日許容用量（ADI）はいくつになるか．体重 50 kg，一日に飲む水の量を 2 L として，水道水質指針値をいくつにすればよいか．
[3] PRTR，MSDS，GHS を説明せよ．

第7章　環境化学技術

　この章では，大気，水，土壌等の自然環境・生態系の現状（第4章）を踏まえ，環境を維持，改善するための化学技術（環境化学技術）にどのようなものがあるかを学び，化学技術にとって何が課題であるか，化学技術が今後何をすべきかを考える．

7.1　環境技術と化学

　人間の活動は大なり小なり環境に影響を与える．その影響が小さいかあるいは悪質でない場合は自然の浄化作用で復元するが，中には，簡単には復旧できないほどの悪影響を与える場合がある．環境に与える悪影響をできるだけ低減するための技術と，その悪影響を元に修復する技術を環境技術と呼ぶことにする．環境問題はすべての領域に関わっているので，対応する環境技術も多岐にわたる．ここでいう環境技術とは，人間活動がもたらす環境への悪影響を顕著に低減する技術および環境を積極的に改善する技術である．

　環境技術の分類の仕方にはいろいろある．まず，資源・製品のライフサイクルのどの段階を対象とするかによって分類することができる．すなわち，製造，輸送，消費等のいずれの段階における悪影響を低減する技術（効率化等の改善や新しい方法への代替）かで分けられる．省エネルギー，省資源型の製造技術や製品がこれにあたる．その際，局所的な改善だけをみるのではなく，ライフサイクル全体の消費量を考え，その抑制をはかるようにすべきである．このほか，排ガス処理など，一般環境へ排出される直前に除去ある

表7.1 さまざまな環境化学技術

間接型
　原因行為の改善による環境負荷の低減
　　例：省エネルギー・省資源技術（製造プロセス，輸送用燃料，住宅材料など），
　　　　新エネルギー，グリーンケミストリー

直接型
　環境汚染・破壊原因を環境に放出される直前に除去・無害化
　　例：end-of-pipe 型技術（自動車排ガス浄化，排煙脱硫・脱硝，工場排水処理），
　　　　二酸化炭素の回収貯留

事後修復型
　汚染あるいは破壊された環境を修復する技術
　　例：汚染土壌の修復，屋内空気の浄化，砂漠緑化，生活排水の集中処理

いは無害化する技術がある．自動車排ガスの浄化，発電所などの燃焼排ガスの脱硫・脱硝が含まれる．これらはエンドオブパイプ（end-of-pipe）型の技術ともいう．さらに，いったん環境に排出され拡散した汚染物質を除去，回収あるいは無害化して環境を修復する技術がある．これらの三つはそれぞれ，間接型，直接型，事後修復型と呼ぶことができよう．石油を脱硫（硫黄分を除去）してクリーン燃料とする技術は，間接型に含められる．この分類による環境化学技術を**表7.1**に示した．

　以上のほか，エネルギー転換，輸送，建設技術における環境技術も重要である．物理的に破壊された自然環境を修復する土木技術は事後修復型に分類できよう．

　環境技術は，エネルギーの探索・製造・転換部門，運輸部門，民生部門のように適用分野で分類することも，与える影響の領域によって，地球環境，地域環境，生活（あるいは屋内）環境に分けることも，また，大気，水，土壌，生態系と分類することもできる．エネルギー，資源に関する環境化学技術は第8章で，製造化学（製品と製造プロセス）に関する間接型技術（グリーンケミストリー）は第9章で詳述する．また，廃棄物処理およびリサイクル技術については第10章に述べる．この章では，直接型の環境化学技術を紹介し，

そのあとで，環境変化をリアルタイムで観測する環境モニタリングについてふれる．

改めていうまでもないが，どんな環境を良いとするかについては，議論がある．保存と保全の間の議論や（第4章コラム（p.59）参照），人間中心の考えだけでよいか，などであるが，ここでは深入りしない．

7.2 大気環境改善の化学技術

日本の大気中の SO_2 と NO_2 濃度の経年変化はすでに図4.3（p.51）に示した．前者は著しく改善し，環境基準達成率が高い（99.9〜100％）．後者の基準達成率は一般局で100.0％，沿道は89.2％である（2004年）．その他の汚染物質のうち，COは，SO_2 と同様に大幅に改善されているが，粒子状物質（PM；particulate matter，すす）は改善度はやや低い．COと SO_2 は，後で述べる環境化学技術が大いに成果をあげた例である．自動車から排出されるNOx，PMは，図7.1に示す通りだが，全体の排出量のうち自動車がかなりの割合を占める．自動車の中ではディーゼル車の寄与が大きい．ガソリン自動車は後述の三元触媒により排ガスが浄化されているが，ディーゼル車の対策は最近になって応用され始めたところで，技術的に未成熟である．

各国の大気汚染物質の排出量を比較すると，日本は，1990年の段階ですでに硫黄酸化物濃度の低減が十分に進んでいて最近はあまり低下していない．他方，欧米では，この10年間で大幅に低下した．温室効果ガスのうち，二酸化炭素の排出量は，世界全体の排出量が252億 t（2003年，炭素基準では69億 t）で，そのうち，米国が57億 t（一人当たり20 t），EU 32億 t（一人当たり9 t），中国35億 t（一人当たり3 t）で，日本が12億 t（一人当たり10 t）である（4.2節参照）．

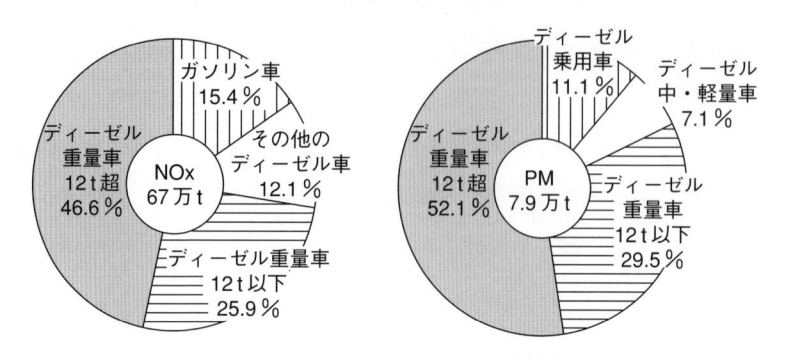

図7.1 自動車からの窒素酸化物（NOx），粒子状物質（PM）排出量
JCAP（石油産業活性化センター）の推計によると，自動車排ガスの全排出量に対する割合は，NOx が 37%，PM が 48%． （環境省資料を元に作図）

7.2.1 自動車排ガス浄化

　自動車で問題になるのは排ガスと燃費である．排気中の有害物質は，ガソリン自動車の場合，低濃度で存在する一酸化窒素 NO（高温燃焼により空気中の窒素が酸化して生成．空気中で次第に NO_2 に変化する）および一酸化炭素 CO と炭化水素（HC；hydrocarbons. 主にプロペン，エチレン）（いずれも燃料の不完全燃焼により生成）である．軽油を燃料とするディーゼル自動車では，これに加えて粒子状物質（すす，PM）がある．燃費は，通常，単位燃料量当たりの走行距離で表している．燃費は車両や走行条件で変わるが，その良し悪しは排出する二酸化炭素量に直接的に影響する．先進国のモータリゼーションはすでに広く行きわたり，発展途上国においても急速に広がりつつある．したがって，排出する大量の二酸化炭素はさらに増加する傾向にある．1台当たりの有害物質排出量は，以下に述べる浄化技術により相当に減少してきたが，自動車の総数が増加することと，ディーゼル車の対策がいまだ不十分なため，問題が残っている．

　ガソリン自動車の排ガスに含まれる主な有害物質はNO, CO, HC の3種で，直接の健康影響のほか，光化学スモッグや酸性雨の原因となる．これら

3成分の組成や温度は走行状態によって大幅に変化するので，ほぼ一定の反応条件を前提とする通常の触媒技術で処理することは困難である．組成，温度，排ガス量が変動する条件でも，これら3成分を同時に除去することのできる三元触媒 (three way catalyst) のシステムが発明され，はじめて浄化が可能になったもので，その後も改良が続けられ，ガソリン自動車の排ガスは，近年非常にきれいになっている（p.123のコラム参照）．

三元触媒の例を図7.2に示すが，白金Pt，ロジウムRh，パラジウムPdを中心とした貴金属の超微粒子（直径1～5 nm）をアルミナ系の酸化物粉末表面に分散担持し，この粉末を含むスラリー（懸濁水）を，モノリス（ハニカム）支持体の壁面に塗布，焼成したものである．セラミックス（または金属）製のモノリス支持体には多数の細かい貫通孔があり，その穴の直径は1 mm以下，壁の厚さは0.1 mm以下である．排ガスがモノリスの小さな穴を通り過ぎる間に壁面についている触媒粉末と接触して3成分が互いに反応して浄化される（NOは還元され，HC，COは酸化される．(7.1)式）．

$$NO + HC, CO \longrightarrow N_2, CO_2, H_2O \qquad (7.1)$$

ディーゼル自動車は燃費が良いので，近年，ディーゼル車用の排ガス浄化触媒システム（PM（すす）とNOxの除去）の研究開発が活発である．ディーゼル車の場合，ガソリン車とは異なり，燃焼は空気過剰の条件で圧縮のみにより着火させる（ガソリン車の空燃比が約15であるのに対し，ディーゼル車は約20かつ広範囲）．その結果，排気中に大量の酸素が残存し，この酸素が還元性成分であるHCやCOと優先的に反応してしまい，NOが還元されずに残ってしまう．そのため三元触媒が使えないのである．

この問題に対処するために二つの方法が実用化されている．第1の方法は，NOを吸収する塩基性成分を三元触媒に加え，この成分により吸収蓄積された窒素酸化物成分（硝酸塩の形が普通）を，ときどき燃料を過剰に噴射して還元分解する方法である．この方法は吸蔵還元型と呼ばれる．もう一つの方法は，大型ディーゼル車に一部適用されているもので，アンモニア脱硝

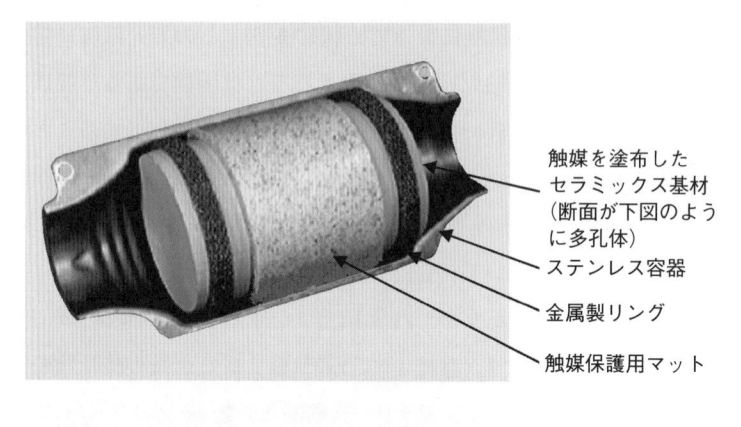

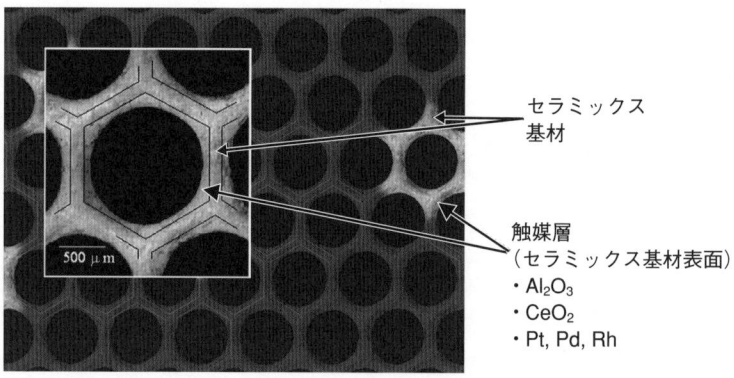

図 7.2 自動車三元触媒
下図はセラミックス基材の空孔断面が六角形の例．通常は四角形．

(図中ラベル)
- 触媒を塗布したセラミックス基材（断面が下図のように多孔体）
- ステンレス容器
- 金属製リング
- 触媒保護用マット
- セラミックス基材
- 触媒層（セラミックス基材表面）
  ・Al_2O_3
  ・CeO_2
  ・Pt, Pd, Rh

技術（後述）を転用し，アンモニアの代わりに扱いやすい尿素水を用いる方法である．いずれも，広く普及するには，いっそうの改善が必要である．

　ディーゼル車のもう一つの課題は PM（すす）である．エンジン内で生成したごく微小なすす粒子が，凝集と揮発性成分の蒸発を経て次第に直径 2 μm 程度以下の粒子状物質となる．環境基準にいう 10 μm 以下の粒子の多くは，道路の巻上げや土ぼこりであるが，ディーゼル車からの微小な粒子に含まれる多環芳香族成分は健康に有害とされ，その除去が必要である．現在は，

図 7.2 に示したようなモノリス支持体の壁面に微小な穴を開けた「ディーゼル粒子フィルター (DPF)」を用いて除去するのが普通である．問題は，蓄積したすすをフィルターを破損せずに高温で燃焼して除去する方法で，耐熱性モノリス材料やすす燃焼制御技術の改善などの努力が活発になされている．

　燃費は，地球温暖化の問題に深く関わる．運輸分野が排出する二酸化炭素量は，日本の総排出量 12.8 億 t/年（CO_2 基準，世界の 4.8 %）(2004 年) の約 20 % を占め，産業分野 36 % に次いで 2 番目である．ただし，産業分野は効率化が進んで排出割合が漸減傾向にあるのに対し，運輸部門は民生（業務，家庭）部門と共に急増している．燃費の向上が解決法の一つであり，エンジン改良，車両軽量化をはじめ，多くの技術開発が進められている．このほか，エンジンの排気容量の小さい車に転換する，ガソリン車からディーゼル車へ転換する（ヨーロッパで普及している高性能のディーゼル車は日本で利用しても約 20 % 燃費が良くなるといわれる）などの選択肢がある．さらには，電池とエンジンを併用したハイブリッド車，あるいは，燃料電池車がある．ハイブリッド車はやや高価であるが，普及が徐々に進んでいる．他方，燃料電池車は，電池の技術（材料，貴金属），水素燃料の製造と供給という問題に加え，非常に高価になるので，普及までには相当の時間がかかる．

7.2.2　クリーン燃料

　石油には 1 〜数 % の硫黄分が有機硫黄成分（硫黄を含む有機化合物）として含まれている．ガソリン，軽油などの自動車燃料に硫黄が含まれていると，エンジン内で酸化されて SO_x として大気に放出されるだけでなく，排ガス浄化触媒の触媒毒となって性能を大幅に低下させるので，燃料の製造段階で硫黄分を除去しクリーンな燃料にする．過去数十年にわたって，除去技術の改良と硫黄含量の規制強化があり，硫黄含量は大幅に低下した．2006 年現在ではわが国のガソリン，軽油の硫黄含量は 10 ppm 以下である（原油に比べ 1,000 分の 1 以下への低減）．硫黄除去技術は，水素化脱硫と呼ばれ，原油

や燃料中の有機系硫黄分を触媒を用いて水素化して硫化水素として除去する．チオフェンを例に反応式を書くと (7.2) 式になる．触媒は，酸化アルミニウム系担体の表面に，モリブデン酸化物を主成分とし，コバルトないしニッケルを促進剤として含むものである．使用前に硫化され，モリブデンなどは硫化物になる．この技術は，石油に含まれる有機系窒素成分やニッケル，バナジウムなどの金属成分も同時に除去する．

$$\text{(チオフェン)} + 3\,H_2 \longrightarrow \text{(ブタン)} + H_2S \qquad (7.2)$$

7.2.3 排煙脱硫・脱硝

化石燃料を燃焼すると，燃料に含まれる硫黄が酸化されて SOx として排出される．発電所等で大量消費する石油，石炭は，自動車燃料のように硫黄分が少ないクリーン燃料ではない．さらに，燃料中の窒素および燃焼に用いる空気の中の窒素から窒素酸化物（NOx）が生成する．これら燃焼排ガス中に含まれる SOx，NOx を除去する技術をそれぞれ排煙脱硫，排煙脱硝という．天然ガスの場合，硫黄分の含有量が小さいので SOx はあまり問題にならない．

SOx は，通常，水酸化カルシウムの懸濁水を排ガスと接触させて，硫酸カルシウムとして除去する．日本で開発されたプロセスが典型的である．

燃焼排ガス中の NOx は，触媒を用いアンモニアで還元して無害な窒素に変える．NO よりも反応性が高い酸素が共存していても，NO だけを還元できるので選択還元法と呼んでいる（SCR；selective catalytic reduction）．これは，日本で開発され世界に普及した化学技術である．触媒は，酸化チタン系担体の表面に酸化バナジウムを担持し，さらに性能向上のために若干の他の成分を加えたものである．高い選択性は，NO がいったん酸化され反応性の高い NO_2 に変換するためであり（(7.3 a) 式），担体に酸化チタンを用い

7.2 大気環境改善の化学技術

図7.3 石炭焚きボイラ (700 MW) 用世界最大級脱硝装置 (竹原火力発電所)

るのは，酸化チタンが共存するSOxと反応しにくいためである（触媒によく用いられる酸化アルミニウム担体はSOxと反応して硫酸アルミニウムになり体積が増すため触媒粒子が破損する）．総括的な（オーバーオールの）反応式は，(7.3 b) 式の通りである．厖大な排ガスを処理するため，脱硝プラントは非常に大きいものになる．例を図7.3に示す．

$$NO + 1/2 O_2 \rightarrow NO_2 \quad (7.3\,a)$$
$$NO + NH_3 + 1/4 O_2 \rightarrow N_2 + 3/2 H_2O \quad (7.3\,b)$$

7.2.4 有害有機化合物

1) 揮発性有機化合物 (VOC)

VOCは，平成12年の推定によると，わが国で年間約150万tが排出されている (4.3.7項参照)．図7.4に示すように，塗装，印刷，洗浄過程で排出

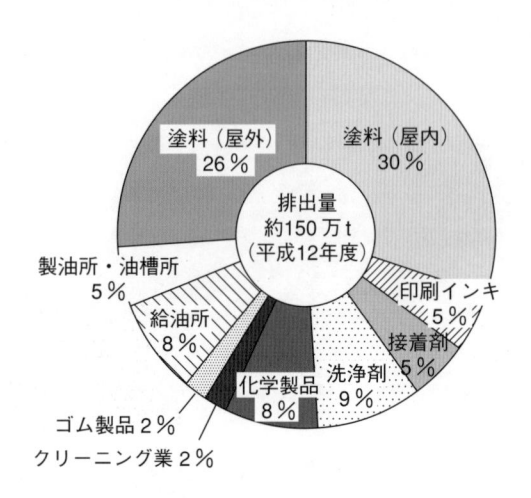

図7.4 VOCの発生源　(環境省資料を元に作図)

排出量 約150万t (平成12年度)
- 塗料(屋外) 26%
- 塗料(屋内) 30%
- 印刷インキ 5%
- 接着剤 5%
- 洗浄剤 9%
- 化学製品 8%
- クリーニング業 2%
- ゴム製品 2%
- 給油所 8%
- 製油所・油槽所 5%

されるものが多い．直接の健康影響もあるが，現在は，NOと反応して生成する光化学オキシダントを低減するため，その発生抑制策が強化されつつある．VOCの主な物質は，トルエン，キシレン，酢酸エチル，メタノール，ジクロロエタンなどである．これらとは別に，ベンゼン，トリクロロエチレンなどは有害大気汚染物質として規制されている．比較的大きな事業所では，屋内空気を外部に放出する前に，触媒，オゾン，吸着等を利用した処理装置

表7.2　排水，排ガス中のVOC低減技術

汚染物質の除去，回収技術
触媒：貴金属触媒 (Pt, Pd など)，Mn, Co 酸化物触媒，光触媒 (TiO_2) による分解，無害化
吸着・吸収：活性炭，ゼオライトによる吸着，酸・アルカリなどを含む水溶液による吸収
オゾン：電気的にオゾンを発生し，反応性の高いオゾンにより分解，無害化
プラズマ：放電により発生する水酸基・酸素ラジカルにより分解，無害化
組み合わせ：上記の組み合わせにより分解，無害化
プロセス，製品の環境負荷低減技術(グリーンケミストリー)
塗料の水性化，低有機溶媒化など (第9章参照)

により酸化無害化ないし吸着回収される (**表7.2**). 多数存在する小規模事業所に適用可能な，簡便で安価な処理技術が当面の開発目標となっている．また，主要発生源が塗装なので，有機溶媒の使用を極力抑えた高品質の水性塗料等の開発も重要な課題である．このような環境負荷の少ない製品や製造プロセスに転換し，汚染物質を出してから処理するのではなく，出さないように製造する化学技術はグリーンケミストリーと呼ばれ，第9章で解説するが，化学技術の主要な指導理念になりつつある．

2) CFC (クロロフルオロカーボン類)

一群のCFCは，冷蔵庫等に用いる冷媒，ウレタン・ポリスチレン等の発泡剤，金属部品等の洗浄剤，スプレー用溶剤に，高性能かつ安全な物質として広く利用されていた．しかし，安定性ゆえに大気中に放散したのち成層圏に到達し，光化学反応で開始する連鎖反応によって，オゾン濃度を著しく低下させることが問題となった．4.3.1項に述べたメカニズムにより，CFCの分解で生成する塩素原子がオゾン濃度を低下させる．CFCの使用はすでに禁止され，オゾン層破壊効果の小さい物質 (塩素を含まない，あるいは，反応性が高い類似機能物質) への代替が進んでいる．一時，CFCの一部を水素置換したHCFC類が用いられたが，これらも規制され，オゾン層を破壊しないとされるClを含まないHFC類に移行しつつある．したがって，オゾン層破壊の問題は近い将来に解決されるものと見込まれる．

7.2.5 室内空気の浄化

4.8節に述べた室内空気の汚染や騒音，振動などは，いずれも人工物の問題であり，技術により解決することができるはずである．例えば，ホルムアルデヒドやトルエン等は，塗料，接着剤の改良により発生を未然に防ぐことができるし，換気により拡散させる方法や，吸着，触媒等により除去する方法もある．暖房機，調理器，湯沸かし器の不完全燃焼による一酸化炭素中毒の被害がいつまでもなくならないが，製造者の改善努力と消費者の使用上の

注意により解決されることが期待される．

7.3 水環境改善の化学技術

3.3節で述べたように，日本人は，一日に飲用水約2Lを含め約350Lの生活用水を消費している．このほかに，工業用水と農業用水がある．わが国の消費量は，一年間に約900億tになるが，これらを，河川，地下水などから獲得し，ほぼ同量の水を排水として出している．人間活動に供給する水，および，使用後の排水を環境に放出・再利用する際の水の品質管理，例えば，飲料水の水質基準確保のために各種の化学的・生物化学的技術がある．この節ではこれらを紹介する．

水は，元来，自然循環しているもので，水の利用技術はこの循環と調和させることが第1のポイントである．水資源としては，雨水，地下水，河川水，湖沼・ダム，海水がある．雨水は，直接（あるいは一時貯留して）利用するため，小規模な特定の用途に限定される．地下水源は，安定性と水質が優れ，多くの場合，消毒処理のみで利用可能であり，わが国の水道水の約4分の1をまかなう．河川水は，大量取得が可能で，農業，工業，飲用に供される．河川，湖，ダムは水道水の約70％を占める．中東諸国では，豊富な石油を使って，海水を蒸留あるいは膜分離により淡水化しているが，ここで用いられる高効率分離膜は応用範囲が広く，重要な研究開発の課題である．

水処理技術には，大量の水を安価に処理することが求められる．現在，例えば，東京の人口約1,200万人に，一日約600万m^3の水を約200円/m^3で供給している．

1）飲料水（上水）

飲用には，超純水などの特殊な例を除けば，最も高い品質が求められ，水道法で健康影響，性状，快適性などに関して基準が定められている．標準的な浄水プロセスは，沈殿，ろ過，消毒からなり，単純な沈降（沈砂池）と凝集

剤を用いた沈殿（沈殿池）により，土砂，微細な不純物，溶解物質を除去した後，砂を用いてろ過し（ろ過池），塩素ガスを注入して殺菌消毒を行う．湖沼，内湾などの閉鎖性水域から取得した水の場合，富栄養化などの汚濁があり，さらに高度な処理を必要とすることが多い．

2）生活排水（下水）

　公共水域の水質汚濁の主な原因は生活排水である．生活排水からのBODを発生源別にみると，台所からのBODが40％，以下，し尿30％，風呂20％，洗濯10％となっている．生活排水は，集められた後，一次，二次，三次の処理が施される．一次処理は，沈殿池における予備的な処理．二次処理は，好気性微生物による酸化が普通で，その多くは，活性汚泥法と呼ばれる処理法によっている．活性汚泥法は，数十種の微生物と原生動物からなる凝集体（活性汚泥）によって排水中の有機物を酸化分解する方法で，浄化率は高いが，生物群の代謝を利用するので管理がやや難しいことと，活性汚泥の増殖により大量に発生する余剰汚泥の処理が問題点である．典型的な活性汚泥法のプロセスの流れを図7.5に示す．まず，沈砂池，沈殿池を通った排水を，活性汚泥と混合し空気を供給しながら（エアレーション），6～8時間かけて酸化分解させる．その後，最終沈殿池で活性汚泥と処理水を沈降分離し，上澄み液を塩素消毒して放流する．余剰汚泥は除去，処理したあと，その多くは埋め立てあるいは焼却処分される．これはバイオ系廃棄物の相当部分を占めている．

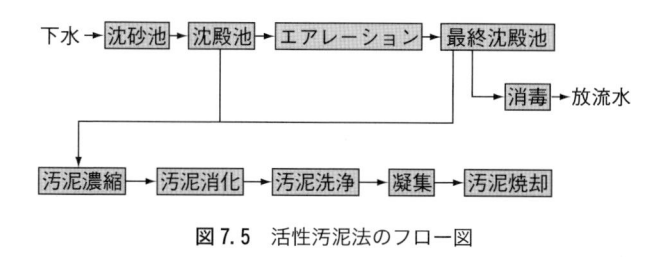

図7.5　活性汚泥法のフロー図

表 7.3　工場・事業場の主要な排水処理法

物理化学的処理法
　　沈降処理 (比重差による固液分離)
　　凝集処理 (懸濁物質を凝集材で大粒子化して分離)
　　浮上分離 (油水分離)
　　清澄ろ過 (砂ろ過が一般的)
　　中和 (pH 調整で沈殿)
　　活性炭吸着 (微量の溶存有機物除去)
　　イオン交換 (有価物の回収，微量重金属除去)
　　膜分離 (逆浸透圧，電気透析，限外ろ過)
生物学的処理法
　　BOD 処理法 (有機物を汚泥中の微生物で分解処理，活性汚泥法)
　　窒素処理 (生物酸化池法，活性汚泥法)
　　リン処理 (Ca 系凝集材分離，活性汚泥法)
　　重金属処理

3) 工業，事業場の排水処理

公共水域に放出する前には，表 7.3 に示す各種の方法を利用して排水基準を満たすことが必要である．

4) 浄水器

家庭において水道水の浄化に利用され，微量の塩素，ハロメタン，農薬等を除去する．活性炭フィルター，中空糸膜，セラミックフィルターやこれらを組み合わせたものである．

7.4　土壌，生態系保全の化学技術

土壌汚染の主なものは，重金属 (Pb，Cd など) と有機塩素化合物である．地中の移動は大気や水環境に比較して遅いので，汚染が局所的になることと，蓄積が進みやすいこと，さらに，私有地が多いことも特徴である．大気，水に比べ土壌の環境基準が設定されたのは遅く，1991 年が最初である．土壌基準は，主として溶出基準で定められる．Cd (顔料，塗料，電池，合金)，シアン (合成中間体，表面処理)，有機リン (殺虫剤)，Pb (合金，セラミックス，電池)，

六価クロム (顔料, 塗料, 表面処理, 防腐剤), ヒ素 (半導体, 合金), 水銀 (医薬品, 電池, 蛍光灯), 塩素化炭化水素類 (溶剤, 冷媒, 洗浄剤, 殺虫剤, 医薬品など), チウラム・シマジンなどの農薬類が対象である (2001年の改正で27物質. カッコ内は排出時の存在形態). そのほか, ダイオキシン類や農用地に対して基準が存在する. 汚染物質の人への暴露経路には, 直接暴露の場合と, 水あるいは食物を経由して摂取する場合がある.

汚染土壌の修復方法には,
　ⅰ) 汚染土壌を掘削, 除去した後, 客土するか (新しい土で埋める), 浄化処理後に埋め戻す.
　ⅱ) 汚染部分をその場で浄化処理あるいは無害化する.
　ⅲ) 汚染部分の周囲を強化コンクリート, 鋼板により囲んで遮断する.

がある. 浄化, 無害化の方法として, VOC, 油などの汚染では, 洗浄法や, 水, ガス, 加熱により捕集したあと無害化する方法が, 重金属汚染では, 不溶化, 固化, あるいは加熱脱離して捕集する方法がある. バイオレメディエーションといって, 汚染物質をその場で微生物の力で分解・無害化する方法も検討されている. ただし, その場で処理する方法では, 添加する微生物の生態系への影響や処理により生成する物質の安全性の確認が必要である. いずれにしても, 効率的かつ経済的な汚染土壌の修復技術はまだ実現していない. 土壌浄化技術の開発と共に, 汚染を生じないような製造技術への転換や工程管理が今後の課題である.

7.5　二酸化炭素の排出量削減

大気中の二酸化炭素濃度の近年における増加 (毎年1 ppm程度) は, 産業革命以降顕著になった人間活動の拡大により消費量が増大した化石燃料のためである. 人類は, 炭化水素類が燃焼して最も安定な二酸化炭素と水になる際に発生する熱をエネルギーとして大量に利用している. 人間活動に必須な

エネルギー消費の結果であること（つまりエネルギー問題であること）が，この問題の最大のポイントである．したがって，電気や水素を使って二酸化炭素を炭化水素にすることは意味がない（電気や水素を作るにはエネルギーが必要で，そのエネルギーをそのまま利用したほうが得）．対策を考える場合，このことをしっかりと認識することが必要である．

排出量削減対策として意味がありうるのは，（1）エネルギー利用の抑制（効率化と節約），（2）バイオエネルギーの活用，（3）獲得あるいは生産したエネルギーの一部を使って，発生した二酸化炭素を回収し，地中・海中に貯留する方法である．（2）については適切な利用であることが条件（p.149参照）．（3）の回収，貯留は経済的負担，エネルギー効率が許容される範囲であれば，場合によっては利用可能な対策であろう．この場合，必要となる化石資源量が増加することと環境へ与える新たな負荷に注意を要する．いずれも化学技術の出番が多い課題である．

7.6 環境触媒

上述したように触媒は，排煙脱硝，自動車三元触媒，重油脱硫など環境化学技術の中で重要な部分を占めている．環境を保全しさらには快適な環境を創造する触媒を総称して「環境触媒」と呼ぶことにするが（著者らが「環境触媒フォーラム」を始めたのが1990年），この分野で日本は常に先導的な立場を維持してきた．環境触媒は，汚染物質を無害化する直接的なものと，汚染物質を出さない製造法など間接的なものに分けられる．後者の典型例は第9章で説明するグリーンケミストリーの触媒である．

直接的な環境触媒は，図7.6に示すように，反応温度でみれば，燃焼触媒のような1,500℃近い高温や冷蔵庫の中のような室温以下，また，反応系の組成でいえば，自動車排ガスや石油脱硫のように共存妨害物質に比べはるかに低濃度の反応対象物質（ppmオーダー），さらには自動車触媒のように激

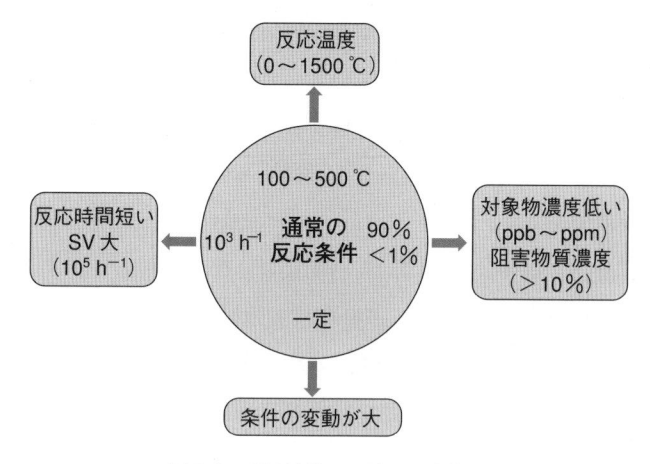

図 7.6　環境触媒の過酷な反応条件
円内が通常の合成プロセス，外側は環境触媒の条件．SV は空間速度 (space velocity)；流量に比例する量 (流量/触媒層体積)．

しく変動する反応条件など，通常の合成用触媒と比較して格段に苛酷な反応条件の中で機能することが求められる．その他，実用化されている環境触媒の例には，排水処理触媒 (活性汚泥が不得意な高濃度の有機物質を含む場合に適用)，VOC 除去触媒，また，日常生活で利用する調理テーブル，電子レンジからの煙やにおいを除去する触媒,室内空気の浄化触媒などがある．なお，日本の触媒の売上高約 3,000 億円の約 3 分の 2 が自動車触媒である．

　光触媒も環境浄化用に注目される．室温で機能する点が優れている．壁面に塗布した場合，有機物の汚れが自然に除去され清浄に保たれる．空気や水の浄化にも応用が期待され開発研究が進められている．

7.7　環境モニタリング

　気温，水温，化学物質濃度など環境の物理化学的変化，さらには，生態系，人の状態変化をいち早く見つけ，問題の兆候を察知して，その原因，因果関

係の解明を早期に行うことが，環境の維持・改善に効果的である．その意味で環境モニタリング技術とそのシステムの整備は，環境問題を解決するうえで，また，対策の効果をあとから評価するために欠かせない．環境中の濃度変化の意味やその因果関係を推定するには，モデリングやシミュレーションも有用な手段である．

　微量の有機化合物の分析には，高感度質量分析計，キャピラリーカラム等を備えたガスクロマトグラフ，磁場型質量分析計，高速液体クロマトグラフィーなどが利用されている．無機物質の分析には，原子吸光法，誘導プラズマ発光分析法，質量分析法が用いられる．環境中の極微量成分の分析であるため，試料の採取とそれに続く精製・抽出・濃縮等の前処理による分析試料の作製がきわめて重要であり，それらの適否が結果を大きく左右する．超低濃度のダイオキシンの分析は，当初，高価でかつ測定精度が低く混乱を招いた．現在は，分析機関の能力を第三者機関が認定することになっている．各測定技術の詳細については，適当な教科書を参照されたい．

　生物学的な指標によって環境をモニタリングすることをバイオモニタリングという．特定化学物質の化学分析だけでは検出が困難な生態系への影響を，生物学的にモニタリングすることができる．特定の生物種の数の変化や生物体内の濃度に着目する方法，細胞毒性試験など毒性学的に検出する方法が含まれる．

　また，リモートセンシングという，人工衛星や航空機，あるいは地上から，地表面，水面，大気の状態を非接触的に測定する技術があり，反射あるいは放射される電磁波を分光学的に測定して，大気中のオゾン，二酸化炭素濃度や地表の植生の変化など広域性のデータを継続的に計測することができる．地表のNO_2，SO_2などの濃度は，4.3節で述べたように多数の測定局で常時自動的に観測されている．日本の河川，地下水，湖沼，海洋の水質汚濁や農用地などの土壌汚染についても定期的に測定される．これらの測定データは毎年『環境白書』等に報告されている．

地球の平均気温の測定，算出法や遠い過去の気温の推定法は，いまだに議論がある．将来予測については大規模なシミュレーションが実施されているが，翌年の天候の予想も難しい状況で，社会経済的変化の影響も受ける百年先の気候を信頼性よく推定することは至難の業であるといえよう．

7.8 非技術的（社会経済的）対策

自動車排ガスの場合，燃料と排ガス処理の技術が進み，多くの自動車では排ガスは格段にきれいになった．しかし，大気環境基準は一部未達成のままであり，改善が求められているが，開発コストや燃費の悪化をまぬがれず，技術的改善には限界がみえ始めている．このような場合，局所的な対策ではかえって事態を悪化させることもある．効果的な二酸化炭素の削減や資源の節約には，公共輸送機関の整備，道路交通システムの改善などの交通政策や，自動車以外の発生源対策を含む総合的な対策が必要である．

自動車触媒

ガソリン自動車の排ガスは走行条件により大幅に変動する（いうまでもなく，排ガスの主成分は窒素，二酸化炭素，水蒸気で，浄化すべき汚染物質は微量成分である）．特に影響が大きいのは，エンジンに供給する空気と燃料の比（空燃比）である．空気が少ないと燃料は不完全燃焼して炭化水素（HC）や一酸化炭素（CO）を排出する．逆に空気が過剰な場合，燃料は完全に燃焼するが，空気中の窒素も酸化して窒素酸化物が排出される．このとき，過剰な空気に由来する酸素も含まれる．空気と燃料のバランスが取れていると（理論空燃比；完全燃焼の条件．ガソリンの場合約 14.7）排ガス中の酸素濃度が低くなり，排ガス中の炭化水素や一酸化炭素（HC,CO；還元剤）と窒素酸化物（NO；酸化剤）が互いに反応して（良い触媒の存在下で），この 3 成分が同時に除去され，窒素，二酸化炭素，水蒸気になる（次頁（1）式参照）．酸素

が過剰にあると，還元剤であるHC, COが酸素と反応して消費され，NOが反応しないで残ってしまう．そこで，排ガス中の酸素濃度をセンサーで常時モニターして(酸素濃度は，供給した過剰空気量に対し単調に増加)，理論空燃比になるようコンピューター制御によって燃料噴射量を調節する．そうすると，排ガスが触媒を通過する際に，3種の有害成分のバランスがとれてこれらが同時に除去される．有害な3成分が同時に除去されるので三元触媒と呼んでいる．

$$HC(C_nH_m), CO + NO \longrightarrow CO_2, N_2, H_2O \qquad (1)$$

このように，排ガス浄化は，触媒，酸素センサー，さらにコンピューターで制御される燃料供給装置からなる高度なシステムになっている(図)．現在，すべてのガソリン自動車には，このタイプの触媒が装備され大気環境の改善に貢献している．他方，希少資源である貴金属，特にロジウムRhの相当部分が自動車用に消費され，資源問題を起こしかねない状況である．したがって，貴金属に代わる触媒や貴金属量の少ない高性能触媒の開発が求められている．最近，ペロブスカイトと貴金属を組み合わせると，貴金属の使用量を大幅に減らしても性能が長続きすることがわかり(貴金属の超微粒子が凝集しにくいため，"インテリジェント触媒"が愛称)，普及している．なお，日本全体の貴金属の回収再利用は相当に進んでいる．

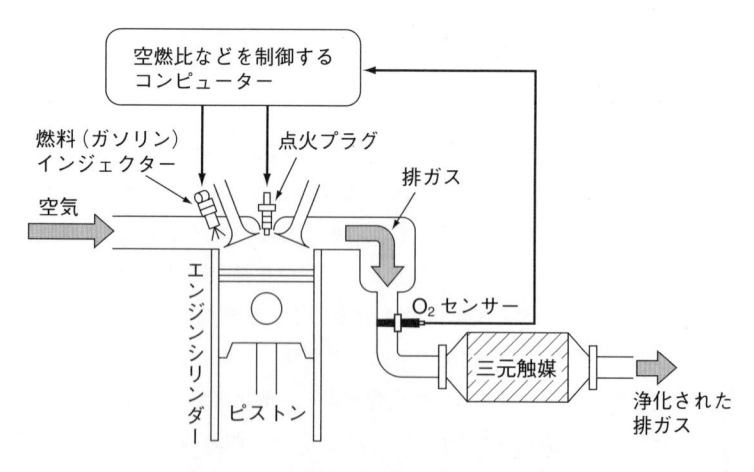

図　ガソリン自動車排ガス浄化のシステム図

演習問題

[1] 日本が輸入する原油には，1〜3重量％の硫黄が含まれている．輸入原油の硫黄含量を2重量％と仮定し，これを99.9％除去した場合に，回収される硫黄の重量を原油輸入量から計算せよ（3.1節参照）．また得られる製品の平均の硫黄含量はどうなるか．興味のある人は，回収された硫黄がどのように利用あるいは廃棄されているか調べてみよう．

[2] 新型のディーゼル乗用車は同程度の大きさのガソリン車と比較しておおむね20％燃費が良く，また，燃料である軽油の製造過程においてもガソリンの場合より二酸化炭素排出量が少ない．しかし，ディーゼル乗用車は，ヨーロッパでは普及しているが，日本では非常に少ない．その理由を考察せよ．

[3] 三元触媒システムの重要な要素技術を三つあげ，それらがどのように組み合わされて排ガスを浄化しているか説明せよ．

第8章 エネルギー・資源確保のための化学技術

人類が大量のエネルギーや資源を消費していることをすでに学んだ．これらのエネルギーや資源は，われわれの生活や経済活動に欠かすことのできない基盤であるが，その大部分は枯渇性資源である．適切な対策を早めに取らなければ人類の生存が危うくなる．本章では，各種の技術的な対策とそれらの特徴を知り，今後われわれが取るべき対応策を考える．

8.1 エネルギー・資源戦略

8.1.1 枯渇性資源と非枯渇性資源

主なエネルギー資源として，石油，石炭，天然ガスなどの化石系資源，水力，風力などの自然エネルギー，そして原子力エネルギーが，また，物質や材料の原料となる資源として，化石系資源，鉱物資源，バイオ系資源がある．食糧や水も人類の生存に欠かせない重要な資源である．これら資源は，比較的短期間に自然から産出されるか，あるいは回収再生して繰り返し消費できる再生可能資源（非枯渇性資源）と，そうではなく，現実的な時間内には再生できない枯渇性資源に分けられる．食糧（農水産物，牧畜），水，自然エネルギーは再生可能な非枯渇性資源であるが，化石系資源は枯渇性である．原子力は，現在の技術では原料のウランが遠くない将来に枯渇するが，高速増殖炉のような再生可能な原子力技術が実現すれば非枯渇性に近づく．

いま，大量に消費されている枯渇性資源の持続的供給力が大きな問題となっているが，再生可能資源であっても，大量に消費すると再生が追いつか

ないだけでなく，各種の副次的な影響が起こることに留意すべきである．

8.1.2 エネルギー選択のための評価基準

今後，世界にとっても，日本にとっても，エネルギーの供給源も利用法も変えていかねば持続的な発展は望めない．そのための戦略がエネルギー戦略であり，それは各エネルギーの拡大，縮小，代替の時期を設定することであるということができる．その場合，以下の基準(量,時期,コスト,環境調和性,利便性)を適用し，さらに，それぞれのエネルギーの特質を十分把握しつつ決められねばならない．

1) 量：全エネルギー消費量に対しどのくらいの割合の量を供給できるか(供給量の減少についても同様)．0.1%程度なのか，それ以下か，それとも10%程度以上なのかで話がまったく違ってくる．

2) 時期 (時間軸)：いつごろ供給できるのか (あるいは，いつごろ無くなるか)．10年後なのか，20年後なのか，あるいは，来世紀なのかで話がまったく違う．

3) コスト (経済性)：現在のエネルギー価格に比べ，あまりにもコストがかかるものは使えないであろう．なお，コストと価格は違うことに注意が必要．原油の価格が採掘コストより圧倒的に高くなっていることからもわかるように，価格は市場原理で決まる．5.1節で述べたように，必要とする労働力は一応コスト評価に含まれる．ただし，家庭内の労働力を考慮した評価は今のところないようである．

4) 環境調和性：エネルギーは大量に消費されるので，探鉱,採取,変換,供給,消費,廃棄の過程で環境へ大きな影響を与える．この影響に配慮し，悪影響を抑え環境を保全するために必要となるコストやエネルギーも考えねばならない．

5) 利便性：各エネルギー源が，どの用途に適しているかを考え，適材適所で利用せねば，全体として効率的な利用法とならない．例えば，固形の燃料

（石炭，木材）を輸送用燃料に使うことは非常に難しく，気体の燃料も液体燃料に比較すると問題がある．したがって，液体燃料を輸送用に優先して利用し，固体燃料は単純な加熱に利用することが一般的に好ましい．また，同じエネルギー源でも使い方によって環境への影響を防除しにくくなることがある．

6) 安全性：上記4)，5) とも関連するが，エネルギー利用の全ライフサイクルにわたっての安全性が十分でなければならない．

一次エネルギーおよび重要な二次エネルギーである電気エネルギーの構成は 3.1 節ですでに示した．国によって相当事情が異なっているが，一次エネルギーが電気エネルギーに転換される割合は徐々に増加する傾向にある．

8.2　日本のエネルギー・資源セキュリティー

第3章の表3.2 (p.29) に示したように，在来型バイオマスを除く一次エネルギー供給の状況をみると，化石系資源が世界の 88 %，日本の 85 % をまかなっている（注：世界の一次エネルギー供給の約 10 % を在来型バイオマス資源 (CRW) が占める（表3.2）．これを含めると，世界の約 80 % が化石系となる）．次に，世界のエネルギー資源の主要生産国と埋蔵国の分布を図 8.1 に示すが，非常に偏在していることがわかる．したがって，エネルギー・資源を考える際にグローバルな地理的視点と政治経済的視点の両方が欠かせない．

このような状況において，資源が乏しく，エネルギーの自給率が 16 % 程度（原子力を自給に含めた場合，そうでない場合 約 4 %），食糧の自給率が約 40 %（エネルギー基準）にすぎない日本にとって，資源の確保は，国の安全保障上もきわめて重要な問題である．各国の一次エネルギーの石油依存度，自給率，中東依存度を表8.1 に示す（第3章の表も参照）．なお，石油の自主開発率（国外における開発を含める）は，日本 15 %，フランス 98 %，イタリ

8.2 日本のエネルギー・資源セキュリティー

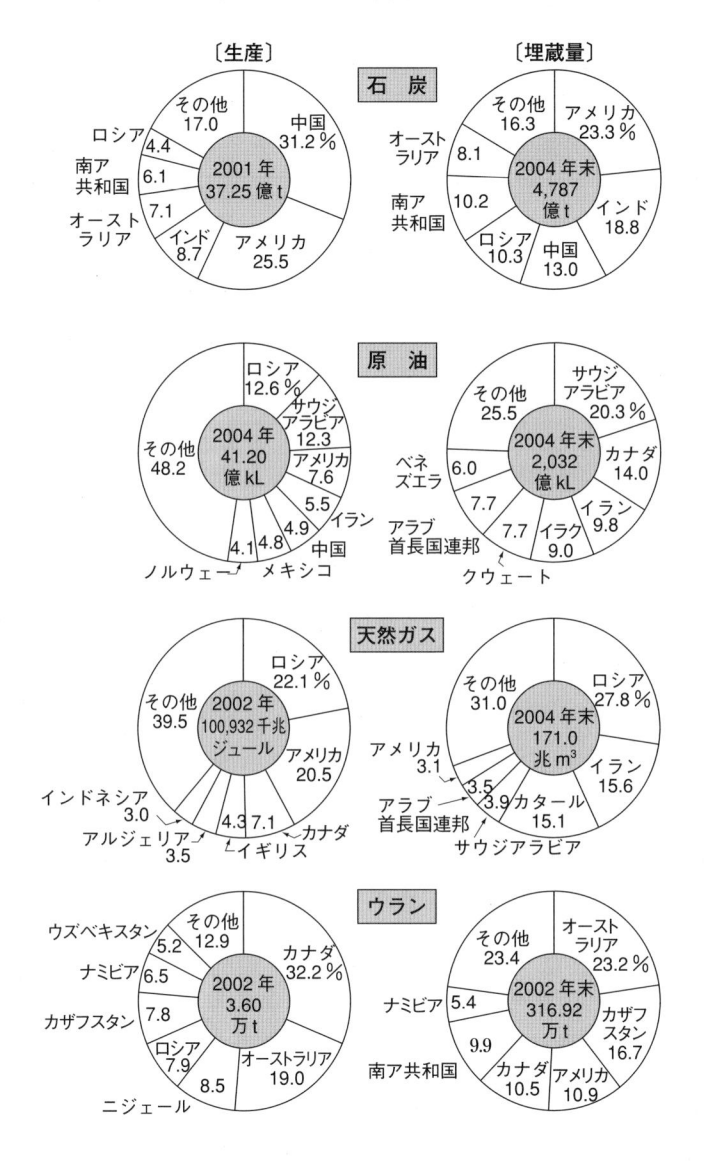

〔生産〕　石　炭　〔埋蔵量〕

石炭 生産 2001年 37.25億t：中国31.2%、アメリカ25.5、インド8.7、オーストラリア7.1、南ア共和国6.1、ロシア4.4、その他17.0

石炭 埋蔵量 2004年末 4,787億t：アメリカ23.3%、インド18.8、中国13.0、ロシア10.3、南ア共和国10.2、オーストラリア8.1、その他16.3

原　油

原油 生産 2004年 41.20億kL：ロシア12.6%、サウジアラビア12.3、アメリカ7.6、イラン5.5、中国4.9、メキシコ4.8、ノルウェー4.1、その他48.2

原油 埋蔵量 2004年末 2,032億kL：サウジアラビア20.3%、カナダ14.0、イラン9.8、イラク9.0、クウェート7.7、アラブ首長国連邦7.7、ベネズエラ6.0、その他25.5

天然ガス

天然ガス 生産 2002年 100,932千兆ジュール：ロシア22.1%、アメリカ20.5、カナダ7.1、イギリス4.3、アルジェリア3.5、インドネシア3.0、その他39.5

天然ガス 埋蔵量 2004年末 171.0兆m³：ロシア27.8%、イラン15.6、カタール15.1、サウジアラビア3.9、アラブ首長国連邦3.5、アメリカ3.1、その他31.0

ウラン

ウラン 生産 2002年 3.60万t：カナダ32.2%、オーストラリア19.0、ニジェール8.5、ロシア7.9、カザフスタン7.8、ナミビア6.5、ウズベキスタン5.2、その他12.9

ウラン 埋蔵量 2002年末 316.92万t：オーストラリア23.2%、カザフスタン16.7、アメリカ10.9、カナダ10.5、南ア共和国9.9、ナミビア5.4、その他23.4

図 8.1　エネルギー資源の主要生産国と埋蔵国
(『世界国勢図会 (2006/07)』より)

表 8.1 一次エネルギーの石油依存度,自給率,中東依存度 (%)

	石油依存度 (2003)	エネルギー自給率 (2003)	輸入原油の中東依存度 (2002)	原油自給率 (2003)
日本	49.7	16.4[†1]	85.6[†2]	0.1
米国	40.4	71.6	23.8	35.5
英国	35.1	106.2	5.8	123.9
ドイツ	36.4	38.8	10.7	3.9
フランス	33.6	50.2	28.8	1.6
イタリア	48.3	15.3	31.6	6.0
中国	19.2	98.2	56	67.4

(中国は世界第7位の石油生産国,第2位の消費国.1993年から石油輸入国となった)

(世界国勢図会 (2006/07),日本国勢図会 (2006/07),IEA 資料 (2005) より)
[†1] 原子力を自給とみなした場合, [†2] 90 % (2005)

ア55 % とされる.日本は,自給率が低いうえに,中東依存度が際立って高い.近年の原油価格の高騰,中東地域の政治不安,さらに石油輸入ルートがホルムズ海峡,マラッカ海峡に集中していることを考えると,石油の確保と共に,一次エネルギー源を多様化することは,日本のエネルギーの安全保障にとって喫緊の課題といえよう.石油,天然ガス等の資源輸出国も産業化の道を進んでいるので,日本としては,これらの国に高度な技術力を提供し,互いに補完する共生的なパートナーシップを構築しつつ,資源を確保することが基本戦略になるのではないだろうか.石油に関しては,国際協調による石油備蓄も重要な対策であり,日本は約 100 日分の原油を備蓄している.

日本の一次エネルギーについては,将来,省エネルギーがさらに進むと共に,石油消費が漸減し新エネルギーが増加するというシナリオが描かれている.例えば,国家エネルギー戦略として,一次エネルギーに対する石油の割合を,2030 年までに現在の約 50 % から 40 % へ,運輸部門の石油由来エネルギーを 95 % から 80 % とする目標が立てられた (IEA が予測した今後微増の傾向とは対照的).これらは多分に政治的な目標値であり,例えば,自動車燃料の 20 % を化石燃料以外の新エネルギーとするとしているが,具体案

が示されているわけではない．もし，無理やり達成しようとすると（拡大定義の新エネルギーを除く），好ましくない副作用を生じる可能性もある．

8.3　枯渇性資源への一般的対応技術

1）資源探索技術の向上
進んだ探索技術により新油田等の存在を探し出すことができる．石油をはじめ，資源量は有限であるが，現時点ではまだ新発見の余地がある．

2）採掘技術，精製技術の向上
採掘技術の向上により，資源の回収率（全資源存在量のうち採取できる割合）が上がる．また，精錬や精製濃縮技術が向上すれば，資源含有量の低い鉱石（低品位鉱）からも資源を経済的に採取することが可能になり，確認埋蔵量が増える．これらは，実際に起こっていることである．

3）有効利用技術－効率化と適材適所
採取した有限な資源を有効かつ効率的に消費することは最優先課題といってよい．例えば，日本の消費する一次エネルギーの3分の2は，エネルギー転換と消費の段階において有効利用されずに熱となって廃棄されている．発電効率は，化石燃料を用いる火力発電が通常35〜40％程度で，送電時にさらにロスがある．ごみ発電の場合，発熱量が小さいため効率はその半分以下になる．また，ガソリン自動車のエネルギー有効利用率は10％に達していない．

各種の省エネルギー，省資源技術は，消費量の増加を抑制するうえで有効である．エネルギー利用におけるコジェネレーション（発電に伴う発熱を有効利用し総合的なエネルギー利用効率を大幅に向上させる技術．ただし，熱の有効利用が確保できない状況では実質的な効率は低下する），自動車の燃費の向上（ディーゼル車はガソリン車に比べ約20％高い．小型車やハイブリッド車は一般に燃費が良い．燃料電池車も，現在の技術では総合的な効率

がガソリン，ディーゼル車と大差ないが，将来高くなる可能性がある），家電製品の効率向上などがある．後述するが，日本が達成した石油危機後の省エネルギーには目覚しいものがあり，エネルギー生産性が非常に高い（p.155のコラム参照）．また，8.5.1項で述べるが，有効利用のためには，石油を輸送用燃料や石油化学原料に優先的に利用するなどの適材適所の利用が重要である．なお，総消費量を抑制するには効率向上だけでは十分とはいえないことを指摘しておく（11.4節）．

4）回収再利用技術の開発

第10章で詳しく述べるが，有限な資源を消費した後に再び利用することは新資源の採取を低減するので意味がある．ただし，回収再利用には新たなエネルギーも資源も必要であり，また，新たな環境問題を引き起こすこともある．総合的かつ長期的に評価して適切な選択をすべきである．貴金属をはじめとする金属資源では，回収再利用が多くの場合にすでに成功している．古紙の再利用についても，すでに紙消費量の約半分は古紙を原料としていて，コストもやや割高な程度に収まっている．

5）代替資源への転換技術

他の枯渇性資源への転換，再生可能資源への転換の二つの可能性がある．代替するにしてもどれを選ぶか，あるいは，バランスをとりながら両方を活用するか，この場合の判断も，それぞれについてケースバイケースの評価が前提となる．

8.4　再生可能資源の利用における留意事項

バイオ系資源の多くは1年から数十年で再生されるので，社会の持続性を考えると，それらの利用は今後重要性を増す．その際，考慮しなければならないことは，バイオ系資源といってもさまざまなものがあるので，各バイオ系資源それぞれの特徴を活かした利用をすべきということである．後述する

ように，原料が複雑な混合物であること，産出密度が低いことへの配慮が必要である．また，植物の成長にも，エネルギー，材料への転換にも，太陽光以外に相当量のエネルギー，資源が投入され，また，転換・利用過程で排出される副生物も少なくない．したがって，エネルギー，物質，二酸化炭素排出について，総括的な収支とコストを考えねばならない．

他の再生可能資源に水力，風力，太陽光，地熱などがある．水力以外は，低密度，変動性の難点があり，今のところ量的にあまり大きな期待はできない．これらについては後述する．

8.5 化石系資源

8.5.1 石油

現代の産業や経済は，低価格で豊富な石油を基礎に成立している．したがって，石油の供給と価格の行方が人類に与える影響は甚大である．短期的な価格の変動を別にしても，長期的には徐々に価格は上昇すると思われるが，それでも生産コストが圧倒的に安いこと，液体エネルギーの利便性が高いことを考えると，今後20〜30年にわたって，石油が主要なエネルギー源であることは間違いなかろう．石油は，その特徴を活かして輸送部門や化学原料に優先的に利用し，産業用など加熱用に石油以外のエネルギー（石炭，天然ガス，原子力等）の利用を増大させることが望ましい．近年の実績もIEAの予測もそうなっている．採掘した石油は原油と呼ばれる．産地により組成が異なり，密度は0.78〜0.93（通常0.85），水素/炭素比は2に近い．硫黄含量0.1〜3％（日本の輸入原油の平均は約2％）である．

1）資源の分布

世界の確認埋蔵量（現在の技術で採掘可能であると確認された埋蔵量）は，約1兆3,000億バレル（サウジアラビア21％，カナダ14％，イラン10％）である．世界の消費量は約260億バレル（＝37億t）（2005年）で，可採年数

は約50年.確認埋蔵量は,図8.1のように偏在している.究極埋蔵量(下記)は,米国地質調査所によると3.3兆バレル,他の多くの推定も似た値であり,石油供給のピークは2030～2050年ごろではないかと推定されている.ただし,最も悲観的なキャンベル(Campbell, 1996)の推定究極埋蔵量は1.8兆バレルで,これに従えば,2006年前後には石油の生産量はピークになる.ただし,現実には2006年時点でまだ増加しつつあり,今後,さらに増加が見込まれている.

2) 探 鉱

石油は,堆積した海生プランクトン,藻類などの遺骸が,地中で長期間かけて分解,変質,液化したあと,特定の地殻構造中に溜まったものとされる.したがって,地殻構造を地震探鉱法などで調査することにより油田の存在が推定できる.試掘後,経済性があると判定されると大量採掘することになる.その時点で技術的経済的に採掘可能と推定された量を確認埋蔵量(確定可採埋蔵量),地質的な知見から存在するはずであると推定された量は究極埋蔵量という.確認埋蔵量を現在の採掘量で割ったものが可採年数になる.最近の数十年は,毎年発見され増加する確認埋蔵量と毎年の採掘量がほぼバランスしていたので,可採年数は常に50年程度であった.しかし,近年,大規模油田の発見が減少傾向にあるため,今後については悲観論と楽観論が交錯している.悲観論は,新油田の発見も既存油田の回収率向上もあまり期待できないので,まもなく供給のピークが来るとする.楽観論は,今は産油国が石油の供給過剰を恐れて探鉱や増産の努力をしていないが,必要になれば増産も可能であり,また,中東,旧ソ連,アフリカ,南米等から新油田はまだ発見されるとする.

3) 採 掘

採掘技術も進歩している.かつては,自噴といって油田自身の圧力で自然に噴出したものだけを採取していたが(一次回収という),それだけでは埋蔵量全体の10～30%程度しか採取できない.そこで,水やガスを外部から圧

8.5 化石系資源

入して二次回収を行い，回収率を約 40～50 % まで改善する．近年では，界面活性剤等の化学薬品を添加して流動性を上げ，回収率をさらに向上させている．排出される二酸化炭素を圧入して回収利用する試みもある．回収率の改善は，確認埋蔵量の増加につながる．

4) 有効利用技術

原油に含まれる炭化水素は，蒸留分離，分解，水素化精製，水素化脱硫して，大部分は燃料として利用される．化学原料となるナフサは，日本では最近輸入を含めやや増えており，原油の 20 % 程度（ナフサを出発原料にする化学産業が消費するエネルギーはこれ以外に約 7 %）で，各種化学品，合成繊維，

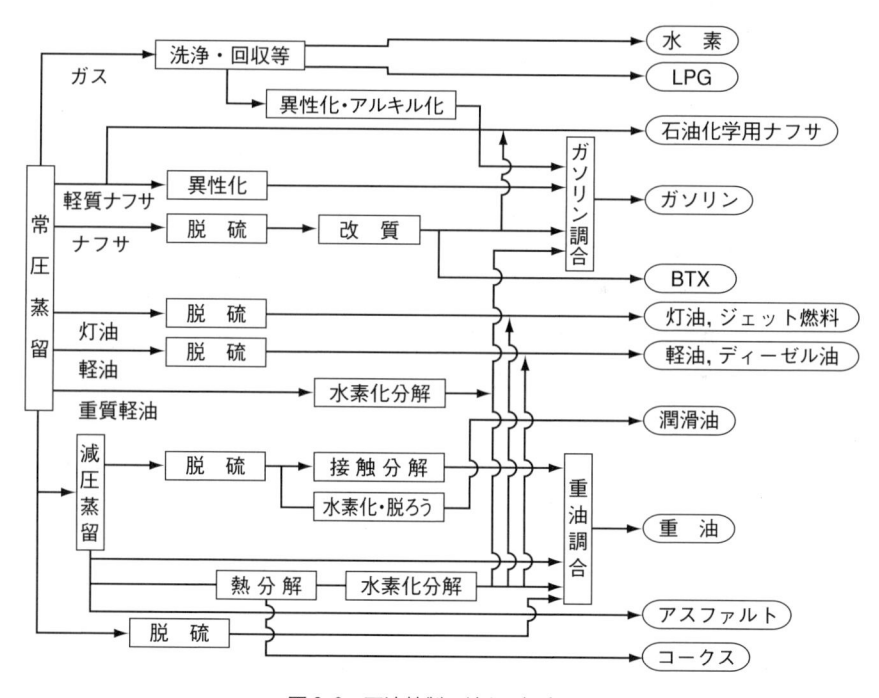

図 8.2 石油精製の流れ（概念図）

図の上方になるほど沸点の低い炭化水素であり，下方から上方への転換は比較的容易にできる．
(『化学便覧（応用化学編）』(丸善, 2003) および『石油辞典』(丸善, 2005) を参考に作図)

プラスチック，合成ゴム等として利用される（図 8.2）．燃料に関しては，重油，灯油，ガソリン，軽油が主なものであるが，その構成は短期・長期に変動する．したがって，これらの需要の変化に弾力的に対応できる石油製品の生産供給技術・システムを構築すれば，石油の有効利用につながり，省資源となる．この意味で，原油のうちの沸点の高い重質分（重質油）を分解して，需要の増加が見込まれる軽油，ガソリン，化学原料などの軽質分に転換する技術は今後重要性を増していく．また，燃料に含まれる硫黄除去はじめクリーン燃料化技術が環境問題の解決に果たす役割は大きい．これらはいずれも化学技術である．

8.5.2 石 炭

石炭は，日本の全一次エネルギーのうち 20 % を占め（表 3.2 (p.29) 参照），その 44 % が鉄鋼業，38 % が発電に消費される．石炭は，縮合芳香族あるいはその一部が水素化した分子群が，脂肪族炭化水素やエーテル構造によりつながって高分子化した構造を有している．

1) 埋蔵量の分布，探鉱，採掘，選炭

約 6 億年 〜 約 6 千万年前の植物が，地下で，地熱，地圧により分解，縮合して石炭化したとされる．石炭化の程度によって，泥炭，亜炭，褐炭，瀝青炭，無煙炭に分類される（後のほうほど炭化度が高い）．埋蔵量は非常に大きく，可採埋蔵量は 200 年以上と考えられている．金属，無機物など不純物が多いので，選炭さらに燃焼排ガスの処理が環境保全のために不可欠．水素/炭素比が 0.2 〜 1.1 であるため，発熱量当たりの二酸化炭素発生量が多く，地球温暖化防止の観点からは注意が必要である．

2) 有効利用

複合サイクル発電

日本の発電量のうち火力が占める割合は 61 %，そのうち石炭火力は全体の 16 % である．当面は，環境調和性や利便性の理由で天然ガスが増えるで

あろうが，将来的には資源量の多い石炭の割合が増大するものと予測される．したがって，石炭利用における発電効率の改善と環境汚染の防止は重要な長期的技術課題となる．複合サイクル発電は，石炭をガス化したあと，まずガスタービンで発電，次いで，その高温燃焼ガスを利用して蒸気を発生させスチームタービンで発電し利用効率を高めるものである．通常の石炭火力（ボイラー発電）の発電効率約 35～40% に比較し，約 5 ポイント向上するとされる．

ガス化，液化

石炭は固体であり，また，灰分や硫黄分が多いために使用上の利便性が低い．そのため，ガス化あるいは液化してから利用する技術が研究されてきた．高温で乾留するガス化プロセスはコークスの製造に利用される．他方，高温で酸素と反応させ，部分的に燃焼してガス化すると，石炭 $(C, H) + O_2 \rightarrow CO, CO_2, H_2, H_2O$ の反応により CO と H_2 の混合ガス（合成ガスという）が得られ，これを原料として液体炭化水素燃料や化学品を製造することが可能である．南アフリカなど一部の国では経済性が成立し大規模な製造が実施されている．

液化は，石炭に水素を供給して水素化分解により石炭中の C–C 結合や C–O 結合を切断して低分子量化し，液体状の炭化水素を製造する化学技術である．かつて大々的に研究され実証プラントも建設されたが，経済性の理由で実用化されていない．石油の供給が逼迫するに従い，埋蔵量の豊富な石炭の活用が必要になり，石炭のガス化・液化技術が見直されつつある．

8.5.3 天然ガス

天然に産出する軽質炭化水素（メタン，エタンなど）を成分とするガスで，不純物や副生物が少なく化石資源の中では最もクリーンである．メタン（CH_4）が主成分で，水素/炭素比（= 4）が大きいため，発熱量当たりの二酸化炭素排出量が小さく地球温暖化効果が相対的に小さい．産出する場所によりガス田ガス（天然ガスを主に産出）と石油随伴ガス（油田ガス）に分けられ

る．このほかに，炭田ガス，ガス水和物，地球深層ガスなどがある．主要なエネルギー源となっているのはガス田ガスと石油随伴ガスである．総埋蔵量は，170〜180兆 m^3（究極埋蔵量は約 240 兆 m^3）と推定されている．生産量は 2.7 兆 m^3/年で可採年数は約 67 年である．

1）埋蔵量，探鉱，採掘

埋蔵量，生産量は図 8.1 の通りで，石油産出国と重なる地域もあるが，異なる地域も相当にあるので，天然ガスは，エネルギー源の多様化にとって重要な意味がある．探鉱，採掘は，基本的に油田と同じである．市場に近い大規模油田は枯渇が始まり，遠隔地，高深度，海底へと探鉱，採掘の拡張が進められている．

2）輸 送

輸送の多くはパイプラインを通して行われる．ヨーロッパでは，全域にわたりパイプラインのネットワークが張り巡らされている．他方，日本のような島国では，冷却液化して専用船で輸入している．日本の主な輸入先は，インドネシア＞マレーシア＞オーストラリア＞カタール＞ブルネイ＞アラブ首長国連邦である．現在，シベリア，サハリンからの輸入が注目されているが，いずれの方法によるか決まっていない．また，国際的な政治，エネルギー情勢の行方にも依存する．第三の方法としては，生産地で化学的方法により液体燃料に転換してから輸送する方法があり，東南アジアの二酸化炭素含有量の多いガス田への適用が検討されている．これには，二酸化炭素の放出を低減できるメリットがある．

3）有効利用

日本では，大部分が燃料として，都市ガスあるいは産業用，発電用に利用される．世界的には，燃料以外に化学品製造にも利用されている．化学品の製造はエタン，プロパンの含有量の多い天然ガスの場合に特に有利になる．近年，安価な中東油田の随伴ガスを化学的に転換して（水蒸気改質＋フィッシャー・トロプシュ合成），輸送用燃料等とする大規模な計画が進行中であり

8.5 化石系資源

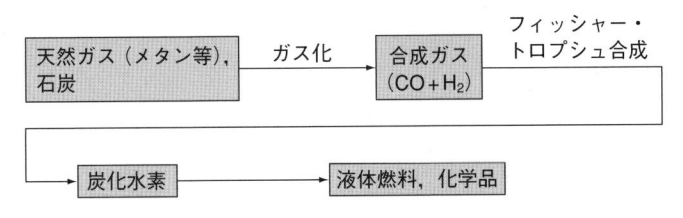

```
天然ガス(メタン等)、  ──ガス化──→  合成ガス     ──フィッシャー・
石炭                              (CO+H₂)        トロプシュ合成
       ↓                                              ↓
     炭化水素  ←────────────  液体燃料、化学品
```

図8.3 天然ガス，石炭から液体燃料および化学品の製造スキーム

(図8.3)，日本でも実証プラントの建設が進んでいる．将来，輸送用液体燃料の供給が不足する可能性を考えると，紆余曲折はあっても次第に重要性が増す化学技術である．

8.5.4 その他の化石資源
1) メタン水和物，コールベッドメタン

これらは非在来型天然ガスという．メタン水和物は，メタンを少量のエタン，二酸化炭素と共に結晶内部に取り込んだ氷塊として深海中や永久凍土内に大量に存在する．単位体積のメタン水和物は標準状態(気体)にして約170倍の容積のメタンを含有する．メタン水和物の安定領域は，温度，圧力で決まる．資源量については，全体で 2×10^{16} m³ との推定がある．日本の調査では，世界の海域で $(2～5) \times 10^{14}$ m³，日本近海では $(6～9) \times 10^{12}$ m³ となっている．賦存量，採掘方法とも調査段階であるが，大量に存在することは確かであり，時間はかかるかもしれないが，その利用は重要な技術課題となるであろう．コールベッドメタンは炭田から発生するメタンで，埋蔵量はやはりかなり大きいと推定されている．

2) オイルサンド，オリノコ重油，オイルシェール

非在来型石油資源と呼ばれる石油に類似した重質の炭素資源であり，埋蔵量は大きく，一部は実用化されている．石油に比べ利用が困難であるが，利用すれば石油系資源の可採年数が3倍以上になる．BP社の推計(2005年)によると，究極可採埋蔵量(可採年数)は，原油1兆7,000億バレル(約60

約60年分	約50年分	約40年分	約130年分
原　油 1兆6,744億バレル 確認可採埋蔵量 1兆477億バレル 発見期待埋蔵量 6,267億バレル	オイルサンド 1兆2,753億バレル 高粘度の重質油を含む砂・砂質岩	オリノコ重油 9,471億バレル ベネズエラ・オリノコ川付近に存在する超重質油	オイルシェール 3兆5,848億バレル 石油のもととなる有機物を含む堆積岩

合計：約7.5兆バレル（約280年分）

図 8.4　石油系資源の究極可採埋蔵量
(石油連盟資料 (2005) を元に作図)

年）に対し，オイルサンド1兆3,000億バレル（約50年），オリノコ重油9,500億バレル（約40年），オイルシェール3兆6,000億バレル（約130年）となっている（図8.4）．

8.6　原 子 力

　原子力は，原子核分裂を制御された臨界状態のもとで進行させ，発生する高速中性子の運動エネルギーを熱エネルギーに変換してとり出す．原子炉の運転中に CO_2，SO_x の発生がないので，環境負荷が小さくクリーンなエネルギーとされる．前後の処理プロセスを含めても二酸化炭素の発生は少ない．ただし，燃料生産，使用済み燃料の処理，原子炉解体における環境負荷およびコストの低減と，運転時および処理時の安全性，効率の向上が技術的課題である．とはいえ，すでに先進国の重要な一次エネルギーとなっているし，将来の一次エネルギーとして重要性は増している．外部に供給されるエネルギーは電気が主である．原子力は，変動する負荷には適していないので，夜間は余剰の発電量で水を汲みあげて，昼間に水力発電所で発電する．現在，ウランの可採年数は約80年といわれ，その獲得競争が激化しつつあるが，もし，燃料の再処理・再利用技術が進めば可採年数は数十倍に伸びる．

8.6 原子力

発電用原子炉には，熱中性子炉と高速中性子炉がある．前者は，核分裂で発生した高速中性子を減速材で減速させ核分裂の効率を上げたものである．多くは，水を減速材として使う軽水炉であるが，この場合，3.5 % 程度に濃縮したウラン 235 (^{235}U) を用いる．軽水炉には，沸とう水型と加圧水炉型があり，水蒸気の発生法が異なる．高速中性子炉は，プルトニウムを燃料とし熱回収は金属ナトリウムによる．

8.6.1 探鉱，採掘，濃縮技術

ウランの埋蔵量（オーストラリアが最大），生産量（カナダが最大）は，図 8.1 に示したようになっている．原子力燃料となるウラン 235 は，天然ウラン鉱石に 0.72 % 含まれるにすぎない．これを軽水炉の場合 3.5 % 程度まで濃縮して燃料として用いる．ウラン鉱石は，粉砕後，選鉱により含有量を高めたあと，化学的処理によりフッ化ウラン（UF_4）とし，さらに気体の UF_6 に変えたのち，核燃料となるウラン 235 をウラン 238 から分子量のわずかな違いを使ってガス拡散法または遠心分離法によって濃縮する．

8.6.2 有効利用，再利用

使用済み燃料等の排出物の処理は，環境影響，燃料再利用の点から原子力利用における重要課題である．比較的低温の大量廃熱を有効利用することも課題の一つである．

再処理プロセス

軽水炉燃料の核分裂性が低下して核分裂連鎖が維持できなくなると，新燃料と交換する．取り出した使用済み燃料には，プルトニウム 239 と未分裂のウラン 235 が存在するので，図 8.5 に示す化学処理を含む再処理プロセスによりこれらを濃縮して燃料として再利用することが可能である．これらの処理を核燃料サイクルという．

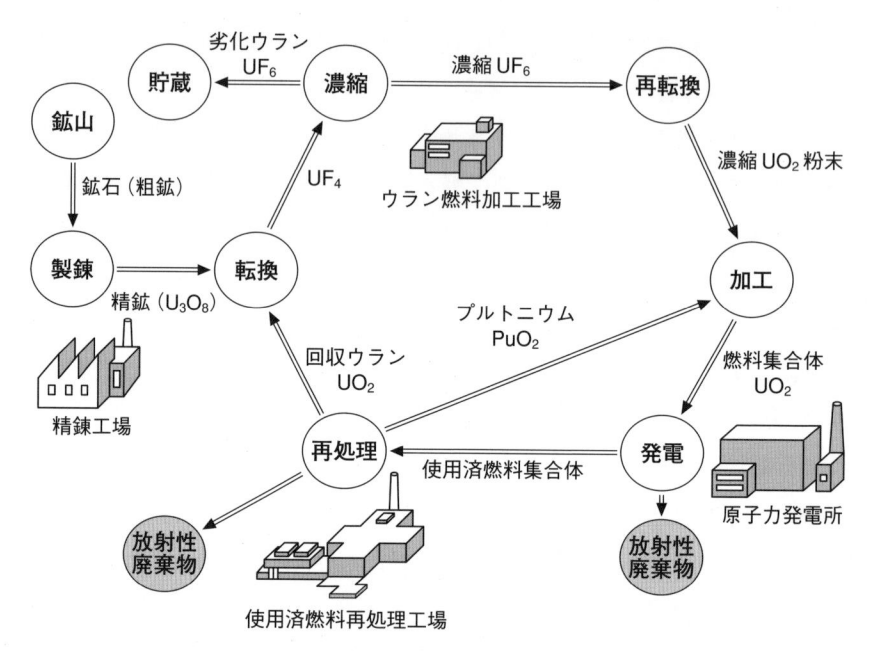

図 8.5 核燃料の再処理（核燃料サイクル）
（日本原子力産業会議資料 (2001) より改変）

プルサーマル

軽水炉の使用済み燃料を再処理して得られるプルトニウムを熱中性子炉に利用する．次に述べる高速増殖炉の実用化までのつなぎと位置づけられる．

高速増殖炉

高速増殖炉は，核分裂性プルトニウムを 20 % 前後含む MOX（ウランとプルトニウムの混合酸化物）を燃料とし，核燃料物質を増殖させつつ高速中性子により核分裂を起こす．鉱石中の大部分を占めるウラン 238 やトリウム 232 が原子炉中で転換して生じるプルトニウム 239 やウラン 233 が利用できるようになるので，エネルギー供給量は飛躍的に増大する．

8.6.3 原子力のまとめと課題

化石系エネルギー資源が枯渇する不安，バイオ資源普及の難しさ（後述）を背景に，二酸化炭素排出量が小さい原子力の一次エネルギーとしての期待が高まっている．しかし，安全性，経済性の問題が解消したわけではない．いたずらに絶対安全を求めることも，また，安全性を一方的に主張することも賢明ではない．普及のためには，安全性，経済性改善のための技術向上が必要なのであり，社会の納得を得つつ，着実に開発を進めることが肝要であろう．

8.7 自然エネルギー

8.7.1 水 力

総消費エネルギーのうち，世界で約6％，日本で約4％．総発電量のうち，すでに世界の17％，日本の8％を占める．ダムに蓄えた水の落差（重力エネルギー）を利用して発電する．水力自身は再生可能な自然エネルギーであり，発電自身も環境負荷が相対的に小さい．また，経済的に開発可能とされる水力発電量は，既設の水力発電量の約4倍でありまだ余裕はあるとされる．しかし，大規模ダムの建設は周辺環境に与える影響が大きく，十分な環境アセスメントなしには着手できない．ナイル川のアスワンダムのように時間がたってから予想外の被害が生じる場合もあり，開発には慎重な姿勢が必要である．揚子江（長江）において巨大ダムの建設が進められているが，その功罪は将来において評価されることになろう．

8.7.2 太陽光，風力

太陽光は，密度は小さいが，総量はきわめて大きく非枯渇性である．前述のように，地球に降り注ぐ太陽エネルギーの0.01％程度しか人間は利用していない（光合成は0.1％．3.1節参照）．しかし，太陽エネルギーは，水の

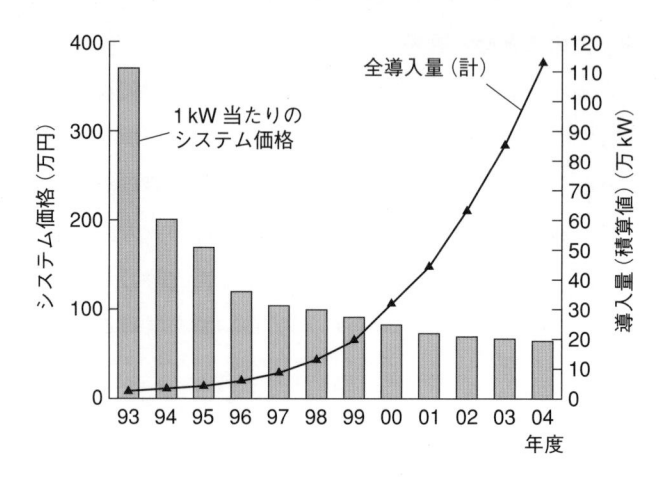

図 8.6 太陽電池の変換効率と価格の推移
電力コストは，kWh 当たり 1994, 95 年 120–140 円，2003, 04 年は 40–50 円．
(『エネルギー白書 (2006 年版)』(経済産業省, 2006) を元に作図)

蒸発に約半分，また，気候の維持や植物の成長にも利用されている．利用法には，太陽光発電 (太陽電池)，太陽熱利用 (温水と温室)，太陽熱発電があるが，エネルギー密度が低いため，設備やメンテナンスにコストがかかり利用拡大の制約となっている．太陽光発電は，国の補助もあって，わが国では普及が進んでいるが，それでも総発電量の 1 % 以下である．**図 8.6** に太陽電池の技術的な発展の状況を示す．しかし，現在でも価格は割高で，火力，水力，原子力が kWh 当たり 5〜12 円であるのに対し，太陽光発電は 40〜50 円である．ちなみに燃料電池は 22 円と見積もられている．

　風力エネルギーは風車の回転エネルギーによる発電である．風力エネルギー密度は風速の 3 乗に比例するので，風速 $10\,\mathrm{m\,s^{-1}}$ で $590\,\mathrm{W\,m^{-2}}$，$20\,\mathrm{m\,s^{-1}}$ で $4.7\,\mathrm{MW\,m^{-2}}$ となる．発電効率は 40 % 程度だが，平均のエネルギー密度が低く，地域差と時間変動が大きい．風の強い地域に大量の風車を建設すれば相当量の電力を得ることができる．風力発電は，米国や欧州の一部で普及

しているのに対し，日本では普及が遅れている．

いずれも，全エネルギーに対する寄与は今のところ非常に小さく，世界の電力のうち，風力は0.3%，太陽光発電はその10分の1以下である（日本はともに約0.1%）．将来の普及のためには，大幅な技術的改良（変換効率，製造プロセスの改善）と共に，エネルギー収支，経済性，環境影響について実績データに基づいた評価をしたうえで，立地条件等を考慮した適切な利用法を選ぶことが必要である．

8.7.3 地熱

地球内部のマグマが保有するエネルギー量は，人類が住む地表にとっては，太陽エネルギーに次ぐ大きさであり，枯渇の心配はない．発電利用と直接の熱利用がある．米国，フィリピン，アイスランド，ニュージーランドが先行しているが，日本においても徐々に利用が進んでいる．地熱発電が世界全体の発電量に占める割合は約0.3%である（日本も同程度）．

8.8 バイオマス資源

植物・動物系天然資源すべてを広義にバイオマス資源と呼ぶ場合と，これらから食糧等を除外する場合，未利用資源に限定する場合があるが，ここでは広義のバイオマスを考えることにする．先進国の多くで，二酸化炭素の排出量低減，エネルギー源の多様化，農業振興の観点から，その利用拡大が進められている．日本でも競争力の強化等も視野に入れた総合戦略がスタートした．バイオマスは原則的に再生可能であるため，持続可能な社会におけるエネルギー，材料資源として期待が寄せられている．

8.8.1 バイオマス資源とは

広義のバイオマスを発生源別に分類すると，次のようになる．

ⅰ）材料資源系：木材（建材，家具，紙），ゴム，繊維系（綿，絹）など

ⅱ）食糧系：穀物，家畜，油脂（動物，植物）など

ⅲ）廃棄物系バイオマス：廃棄紙，家畜排泄物，食品廃棄物，廃木材，下水処理汚泥など

ⅳ）未利用バイオマス：木質系（間伐材，おが屑，解体古木材，落葉など），草本系，果実（サトウキビの搾りかす（バガスと呼ぶ），果実の殻など），農耕作物系（わら，米ぬかなど），微生物系（発酵残渣），漁業系（貝殻，えび殻など）

ⅴ）エネルギー作物：輸送用バイオ燃料として，トウモロコシ，サトウキビからのエタノール（ガソリン自動車用），なたね油等の植物油からの脂肪酸エステル（ディーゼル自動車用）がある．

8.8.2　バイオマスのエネルギー・材料利用
1）エネルギー利用

エネルギー利用には，燃焼による直接加熱が最も効率は良いが用途が限定される．発熱量が小さいため発電効率は低くなるが発電も可能である．ガス化してからエネルギーあるいは化学原料として利用する方法もある．バイオマス系の薪，炭および可燃性の農業，酪農，都市廃棄物などを在来型バイオマスというが，その燃料利用は，世界の消費一次エネルギーの約 10 ％ を超えるとされる（表 3.4 (p. 32) 参照）．これは，地熱，太陽エネルギー利用をはるかに超える量である．発展途上国を中心に広く活用されているが，生活水準の向上と共に，利便性の高い化石燃料や電力に転換され，その割合は今後減少していくものと予想される．

非在来型のバイオマス利用として，多くの国で植物資源由来の輸送用エネルギーの利用推進を決めている．エタノール系（そのままあるいはイソブチレンとのエーテルにしてガソリンへ添加．ETBE；ethyl t-butyl ether）または脂肪酸エステル（FAME；fatty acid methyl ester，ディーゼル燃料＝軽油に添加）が想定されている．エタノールは，吸湿対策と腐食対策が必要で，

FAMEは，成分が多様かつ不安定で品質管理に難がある．米国とブラジルでは，すでにエタノールを添加したガソリンが自動車燃料として使われている．日本でも少量ながら利用が始まった(ETBE)．日本の場合，輸出余力のあるブラジルからエタノールを輸入する可能性が高い．また，ディーゼル車用に廃食用油や東南アジアからのパーム油の利用が検討されている．

今のところ，価格が石油系燃料より高いこと，また，食用との競合，品質の管理，環境への影響に問題があり得ることに配慮しつつ，ゆっくり拡大の可能性を探ることが好ましい．国内バイオ系資源からのエタノール製造も検討されているが，国内産のサトウキビや甜菜は生産高に匹敵する国の直接補助金があって初めて成立していることを考えると（一般の農業においても総生産の約半分に達する国の農業関連予算がある），きわめて高価な燃料になり，コストが許容範囲内に収まるとは考えにくい．

未利用あるいは廃棄されている植物系資源，あるいはエネルギー用として栽培されている利用可能な植物資源のエネルギー推定量を**表8.2**に示す．このデータによると，日本の利用可能なバイオマスエネルギー量は，全エネルギー消費量の4%である．なお，総計で3,000万石油換算t(炭素重量で3,300万t)との推計もある．

2) 物質・材料としての利用

バイオ系資源の材料への利用をみると，ゴム，繊維は世界の消費量のうち天然資源の占める割合が約40%で，紙の場合はほぼ全量が天然である．木

表8.2 利用可能なバイオマス資源 (単位；石油換算100万t)

	日本	世界
農業廃棄物	4.2	465.2
エネルギー作物	0	70.0
林産バイオマス	11.6	1,644.9
都市廃棄物	2.7	36.7
合計	18.5	2,216.8

(安井 至：『市民のための環境学入門』，丸善 (1998) より)

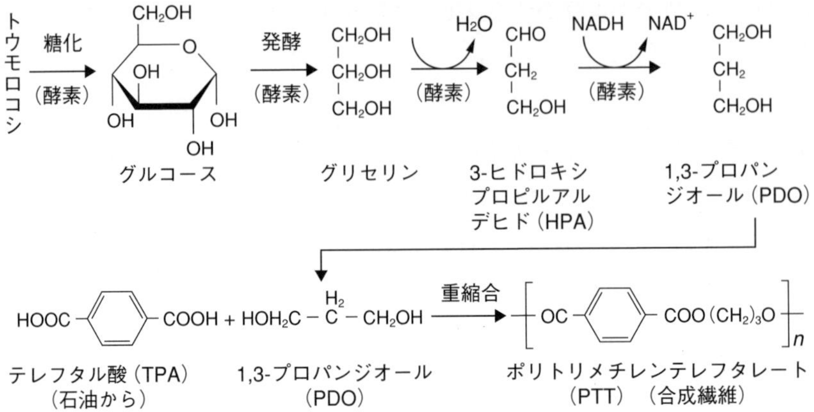

図 8.7 トウモロコシからのポリエステル繊維の製造スキーム
DuPont 社，トウモロコシから 1,3−プロパンジオールを製造．

材も，建物や家具に大量に利用され，むしろ，大量利用による環境破壊のほうが懸念される．ちなみに，世界の木材伐採高は33億 m^3/年（2003年）で，そのうち，用材は16億 m^3/年，世界のプラスチック生産量が約1.5億 t/年である．

石油系に代わる化学原料としての普及はまだ多くないが，トウモロコシを原料とし発酵法で合成する1,3−プロパンジオールを用いたポリエステル繊維は，米国において年産数万 t 規模で生産されるようになった（図 8.7）．木材の主成分は，セルロース，ヘミセルロース，リグニンである．セルロースは紙の主原料であるが，かつてはレーヨン繊維としても大量に利用され，今でも酢酸セルロースなどの高分子材料となる．グルコースまで分解すると，乳酸菌で乳酸に変換されてポリ乳酸（生分解性プラスチック）の原料となる．ただし，ポリ乳酸はコストがまだ高い．このほか，植物原料からのコハク酸を経由した各種化学品の製造や，インク，接着剤さらには各種添加剤をバイオ系資源から製造する試みもある．米国 DOE（エネルギー省）が選んだ化学品製造のカギとなるバイオ由来の物質は，図 8.8 に示す14種である．

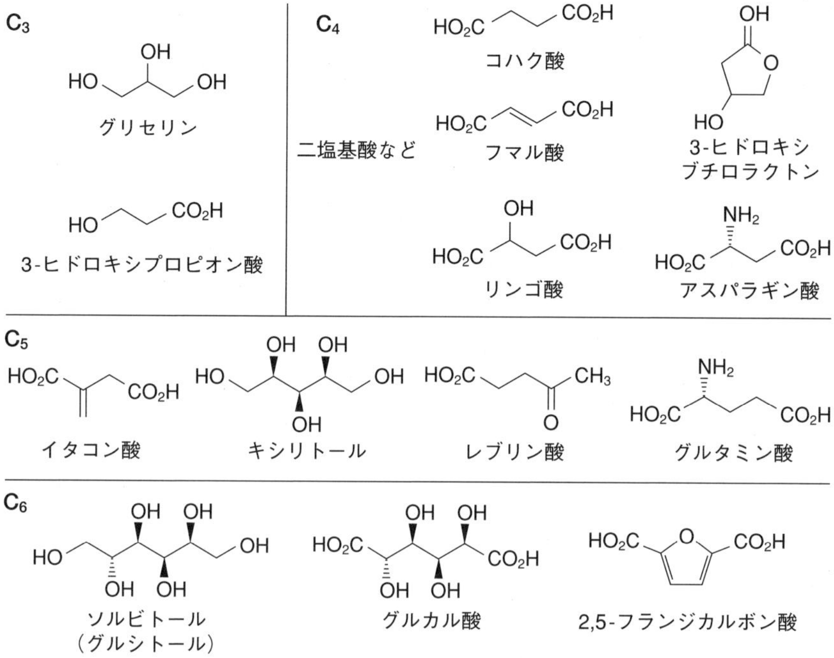

図8.8 炭水化物から誘導される化学品製造用の主要中間体化合物
（米国DOE資料 (2004) より改変）

C$_3$: グリセリン, 3-ヒドロキシプロピオン酸
C$_4$: 二塩基酸など（コハク酸, フマル酸）, リンゴ酸, 3-ヒドロキシブチロラクトン, アスパラギン酸
C$_5$: イタコン酸, キシリトール, レブリン酸, グルタミン酸
C$_6$: ソルビトール（グルシトール）, グルカル酸, 2,5-フランジカルボン酸

3）バイオエタノール

バイオ系資源の発酵によるエタノール製造は，自動車燃料等のエネルギー利用や，エチレンに転換しての化学原料利用が考えられる．世界のエタノール生産量の大部分は発酵法で製造され，飲食用，化学原料，自動車燃料が主な用途である．主要生産国はブラジル，米国，次いで中国，インド．原料としては，糖質系，デンプン系，セルロース系があるが，糖質からの製造は一段のエタノール発酵で済むので相対的に容易で，世界のエタノール供給量の大半を占めている．ブラジルでは上述のようにサトウキビから製造したエタノールをガソリンに添加して大量に利用し，米国の一部地域においても，トウモロコシから製造したエタノールを混合したガソリンが普及している．た

だし，これは今のところ農業振興策としての色彩が強いもので，優遇策がとられている．トウモロコシの場合は，発酵などにより糖質へ転換（糖化）したあとにエタノール発酵される．セルロース系は，まず化学的な前処理によりセルロースを分離する必要があるので，効率も経済性も劣っている．しかし，食用との競合がない点が非常に有利であり，普及のための経済性，効率性の高い化学・バイオプロセス技術の開発が，少々時間がかかるとしても期待される．

8.8.3　バイオマス資源の課題

　バイオマス資源は上述のように利用拡大が図られているが，バイオ系資源は多成分からなる混合物であり，製造に伴い多くの廃棄物，副生物が発生し，また，分離精製が困難なことが多い．副生物の多さは，例えばブラジルの実績例によると，サトウキビ1tから取れるエタノールは80 L（63 kg）にとどまることからわかる．なお，サトウキビの収量は75 t ha^{-1} である．つまり，エタノール1Lの製造に約1haの農地が必要．サトウキビについて今のところ，採掘された原油のほぼ全部が効率的に利用される石油の場合のような技術体系が成立する見通しは立っていない．副生物の一部はエタノール製造用の燃料や肥料として使用されているが，格段の有効利用が不可欠である．

　石油においても，化学原料は10％程度で，大部分は燃料として利用されるが，自動車燃料や灯油などクリーンな液体燃料の占める割合が大きい．また，残りの重質分も大部分液体なので燃料として使いやすい．石油に匹敵するバイオ原料の効率的な燃料利用が可能になれば，その利用は急速に広まるものと考えられる．ただし，単純に石油と競合使用あるいは代替を目標とする"バイオリファイナリー"の考えよりも，バイオ資源の特徴を活かした，石油を補完する利用法を考えるほうが賢明であろう．エネルギー作物や石油代替資源として，積極的に大量栽培する場合は，食糧利用との競合や産地周辺環境の変化に留意しなければならない．健康被害も要注意で，木材（粉）は

発がん性ありのグループに分類されている．さらに，自然に再生する速度以上に利用すれば，バイオ系資源も枯渇するし，二酸化炭素の増加，環境の変化をもたらすことになる．

バイオ系廃棄物の利用には，廃棄物の活用という価値があるが，低密度で広く産出するので，収集，分別の効率をどこまで改善できるか，あるいは，特徴に合う適当な利用法をいかに見いだすかが課題である．

なお，植物系バイオ燃料は，燃焼しても，元来大気中にあった二酸化炭素が元に戻るので正味の増加はない，つまりカーボンニュートラルとされることがあるが，これは誤りである．農業生産や植林にも，また，バイオマスを利用できる形態に転換するにも，エネルギーや新たな資源を必要とする（図8.9）．また，植物も水と二酸化炭素だけでは成長しない．天然，人工の栄養を補給することが必要であり，農薬，肥料が欠かせない．エネルギーと二酸化炭素の総合的な（オーバーオールの）収支とコストの将来見通しを，個々のケースについて評価せねばその是非は判断できない．コストの評価にあた

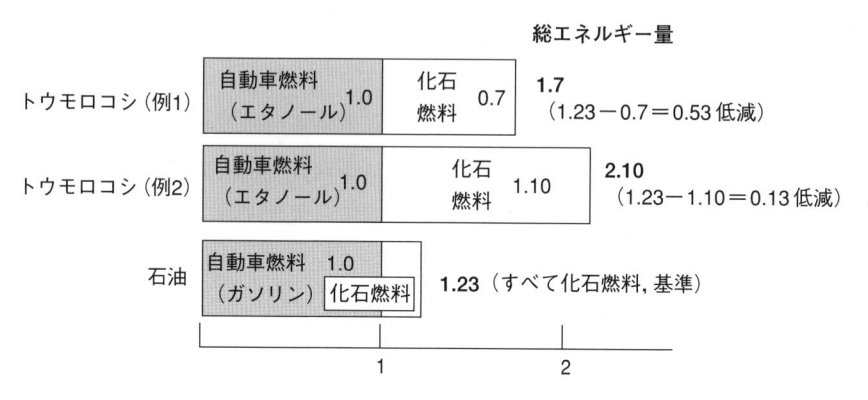

	自動車燃料	化石燃料	総エネルギー量
トウモロコシ（例1）	（エタノール） 1.0	0.7	1.7 （1.23－0.7＝0.53 低減）
トウモロコシ（例2）	（エタノール） 1.0	1.10	2.10 （1.23－1.10＝0.13 低減）
石油	（ガソリン） 1.0 化石燃料		1.23（すべて化石燃料, 基準）

図8.9　バイオエタノール製造の総合エネルギー評価（ライフサイクルアセスメント）
石油とトウモロコシの比較．単位エネルギー量の自動車燃料を得るために必要なエネルギー量とそのうちの化石燃料分．トウモロコシに関する二つの計算結果に大きな違いがある理由は，反収量，灌漑工事，輸送，肥料，環境保全のエネルギーの評価とバイオ燃料利用過程の推定値が異なるため．

り，その技術のコストと二酸化炭素低減量を，排出権取引の価格と比較するのも一つの方法である．排出権は，二酸化炭素1t当たり2005年時点で5.6ドル，2010年には11.4ドルになると予想されている（朝日新聞2006.2.16朝刊（その後同新聞に更新データあり），1t当たり1100～1200円）．なお，京都議定書（コラム（p.157）参照）では，バイオ資源由来のエネルギー使用に伴う二酸化炭素排出は勘定に入れないでいい（カーボンニュートラル）ことになっている．

すでに，多くのライフサイクルアセスメントが試みられているが，評価結果は，生産性，投入エネルギー，環境コストなどの評価条件の設定やデータの取り方に差異があり，結果は評価グループによって大幅に異なっていて判断が難しいのが現状である（図8.9参照）．現状ではエタノール価格，流通設備投資の経済負担が大きな問題である．

8.9 水素, 燃料電池

水素エネルギーは，燃焼時に水だけが発生するのでクリーンエネルギーとして期待が寄せられている．また，想定される水素エネルギーシステムの実現のために化学技術が果たす役割は大きく，**表8.3**に示すように多岐にわたる．しかし，水素は二次エネルギーであり，どんな一次エネルギーから水素を製造するかが第一の問題である．この段階で二酸化炭素を含めかなりの環境負荷が生じる．次いで，その一次エネルギーを水素に変換する技術，そして，消費地への輸送手段と貯蔵手段が問題となる．これらの技術においては，材料の機能や耐久性の改善など化学技術の課題が多い．水素の形で輸送，貯蔵することは安全上の問題が大きいので，最終利用する場所で水素を製造することがよいとの考えがある．例えば，ベンゼン＋水素とシクロヘキサンの間の化学的な相互変換を利用して化学エネルギーの形に変換して（シクロヘキサンとして）輸送し，消費地で水素に戻す方法が提案されている．

表 8.3 水素エネルギーシステムと化学技術

水素製造技術
  直接製造
    他の化学エネルギーから水蒸気改質・部分酸化による水素エネルギーへの転換
      化石資源 (石油, 天然ガス, 石炭等) から
      バイオマス (木質, 草本等) から
      廃棄物 (廃プラスチック, 生ゴミ等) から
  間接製造
    電力経由で水の電気分解
      火力・水力・風力・地熱・太陽光発電
    熱経由
      原子力 (高温ガス炉からの熱を利用する熱化学法), 太陽熱 (集光) の部分利用
水素貯蔵・輸送技術：供給インフラ
  高圧ボンベ材料, 水素貯蔵材料 (金属, 金属錯体, カーボン材料)
  化学的貯蔵 (不飽和有機化合物の可逆的水素化・脱水素反応)
水素利用技術
  燃焼, 熱機関, 燃料電池
安全管理技術
  安全性評価, 漏れ検知器 (センサー)

　水素のエネルギー利用法としては，変換効率が高い燃料電池が有望視される．用途には家庭，オフィス用電源 (定置型燃料電池) あるいは自動車の推進力 (燃料電池自動車) があり，試作機を使った実証の段階にある．しかし，総合エネルギー効率，耐久性，経済性など，今後，時間をかけて解決すべき課題が多く，水素エネルギーシステムの普及にはまだ相当の時間がかかる．

8.10　一般的な省エネルギー技術

　すでに述べたように，日本は，早くから産業，民生，運輸，エネルギー供給の分野において，省エネルギーの実績をあげ，コラム (p. 155) の図に示すように，主要国の中ではエネルギー原単位 (国民総生産当たりのエネルギー消費量．エネルギー生産性の逆数) が最も小さく，エネルギー生産性は米国の3倍，中国の10倍以上である．1970年代の石油危機以来の30年余りで

35％以上のエネルギー生産性の向上があった．この改善の中にはエネルギー多消費型産業が国外に出たことによる寄与が大きいが，同種の産業で日本と他の国を比較しても日本のエネルギー生産性は高い．ただし，近年その改善は鈍化しているので，産業部門では，高性能工業炉やコンビナートの総合的熱利用，民生部門では，家電の省エネルギー強化，高性能給湯器，ビル・住宅の省エネ促進など，運輸部門では，自動車の燃費向上，交通政策・流通政策の効率化などが取り組まれている．

8.11 食糧，水の確保と化学技術

世界的にみて，過去数十年，食糧の生産性が，農薬，肥料，灌漑等，エネルギーの投入により向上したので，耕地面積の増大は小さかったにもかかわらず，一人当たりの食糧消費は15％程度増大した（3.4節参照）．今後も，灌漑設備の拡充，環境にやさしく機能の高い肥料・農薬の開発，品種の改良などによる生産性の向上が不可欠である．農薬の必要性は，穀物の半分近くが病虫害により失われているとする推計があることからもわかる．水についても，安全な水にアクセスできない人口は世界で11億人を超え，そのために死亡するものが数百万人に及び，放置すればさらに増加すると懸念されている（3.3節参照）．したがって，上水，下水，農業用水等の確保に関わる技術が求められる．

食糧，水の問題では，地域間のアンバランスも大きく，技術的な対策だけではなく，社会経済的な対策が重要である．国際的には，発展途上国と先進国の間の大きな格差（南北問題，第3章コラム（p.40）参照）があり，さらに，BRICs（ブラジル，ロシア，インド，中国）にみられる産業，人口の急速な拡大が問題を大きくしている．すでに中国は大豆はじめ食糧の輸入国となり始めた．日本は，食糧の自給率がエネルギーベースで約40％と低いが，もし食糧自給率を上げようとすると，農業用水の効率的利用が問題となる（わが国

が輸入する食糧のために生産国で消費する水は国内の農業用水と同程度である)．当面は，食糧の約 4 分の 1 が廃棄されていることのほうが先決問題であろう．

エネルギー生産性と資源生産性

エネルギー生産性とは，エネルギー利用の平均的な効率性を表す指標．国内総生産額 (GDP) をエネルギー総消費量で割ったもので，エネルギー原単位の逆数である．省エネルギーは，エネルギー利用効率 (efficiency) の向上

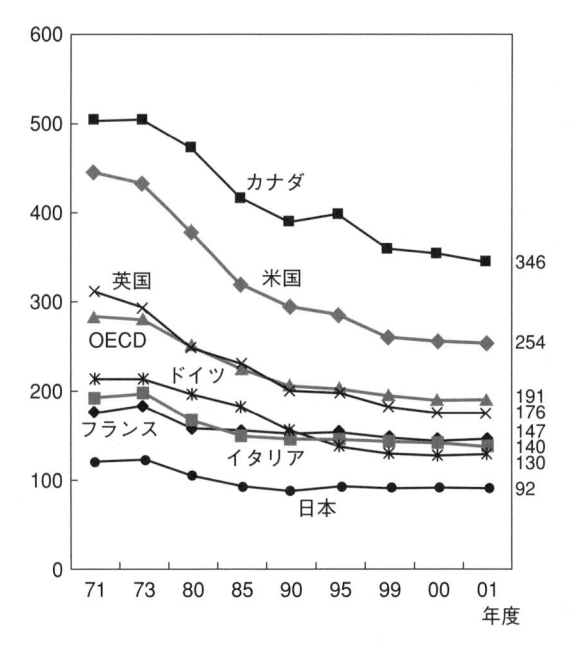

図 主要国の GDP 当たりのエネルギー供給量 (エネルギー生産性の逆数)

単位は石油換算 t/GDP 100 万ドル．中国とインドはそれぞれ日本の約 12 倍と約 8 倍.
((財) 省エネルギーセンター資料 (2003, 2004) および『化学便覧 (応用化学編)』(丸善，2003) を元に作図)

とエネルギー使用の抑制 (conservation) の二つの意味に使われるが，そのうちの前者がエネルギー生産性である．図に各国のエネルギー生産性 (の逆数) を示す．日本は，多くの欧米諸国やBRICsに比較して圧倒的に高い．これは，二度の石油危機のあと，産業界を中心にエネルギー利用効率の向上に多大の努力をしたことと，エネルギー多消費型の業種が海外に移転したことによっている．なお，同じ業種 (粗鋼生産, 火力発電, 製紙, セメント工業) で比較しても，日本のエネルギー効率は約 $20\sim50\%$ 良い．エネルギー生産性は過去30年余りで80%改善したが，最近は改善率が鈍化するだけでなく，生産性自体も悪化する傾向にあり，いっそうの努力が必要とされている．

資源生産性は，国内総生産額 (GDP) を，投入した天然資源等 (直接物質投入量，DMI ; direct material input) で割ったもの (GDP/DMI) で，産業活動や生活においていかに資源を有効に利用しているかを平均的に示す指標である．『循環型社会白書 (平成15年度版)』によると，資源生産性の逆数 (DMI/GDP) は，

$$\frac{DMI}{GDP} = \Sigma\Sigma \frac{DMI_k}{(DMI+R)_k} \times \frac{(DMI+R)_{ki}}{F_i} \times \frac{F_i}{F} \times \frac{F}{GDP}$$

と表すことができる．ここで，Rは循環利用量，Fは最終需要，添え字のkは資源の種類，iは財・サービスの種類である．$\Sigma\Sigma$ はk, iについての総和．右辺最初の項はkという資源の年間新規投入量であり，循環再利用により逆数である資源生産性が増大する．次の項 $\{(DMI+R)_{ki}/F_i\}$ は誘発物質利用と呼ばれ，ある財・サービスを提供するために必要となる全物質利用量であり，生産技術の改善が貢献する．3番目の F_i/F は，iという種類の財・サービスの最終需要に占める割合で，最終需要の構造によって決まる．最後の F/GDP は貿易に関わる項で，国内調達のほうが資源生産性を向上させる．1980〜1998年度で，資源生産性は73%向上したが，生産技術の革新による貢献が全体の4分の3，残りが最終需要構造の変化による．他の項の寄与はほとんどなかったが，循環利用率向上の貢献は今後に期待されている (第10章参照)．

生産性に関して，ファクター4, ファクター10の提案がある．それぞれ，資源およびエネルギーの生産性を合わせて4倍，10倍にし，環境負荷を低減

しようとする．ファクター4はローマクラブの報告 (1992) で，ファクター10は1991年にヴッパタール研究所により提案された．

京都メカニズム；クリーン開発メカニズム，共同実施，排出権取引

クリーン開発メカニズム，共同実施，排出権取引の三つは，京都議定書（国連気候変動枠組条約第3回締約国会議，COP3，1997年，次頁**注**）に定められた地球温暖化防止のための対策手段で京都メカニズムと呼ばれる．クリーン開発メカニズム (clean development mechanism；CDM) は，先進国の資金や技術支援により，発展途上国において温室効果ガスの排出削減の事業を実施し，その結果生じる削減量を先進国側の削減量としてカウントする制度．直接的な削減技術のほか，エネルギー効率の良い設備の設置（省エネルギー技術），自然エネルギー利用技術なども含まれる．

共同実施 (joint implementation；JI) は，先進国が他の先進国の温室効果ガス削減事業に投資して，その削減分を自国分としてカウントできる制度．排出権取引 (emissions trading；ET) は，二酸化炭素削減量が目標値に達しなかった先進国が，達成して余裕のある他の先進国の余裕分を買い取ることができる制度．排出権市場における価格は激しく上下しているが，2005年前後で二酸化炭素1tが1,000～2,000円で取引きされた．三つの対策を図に

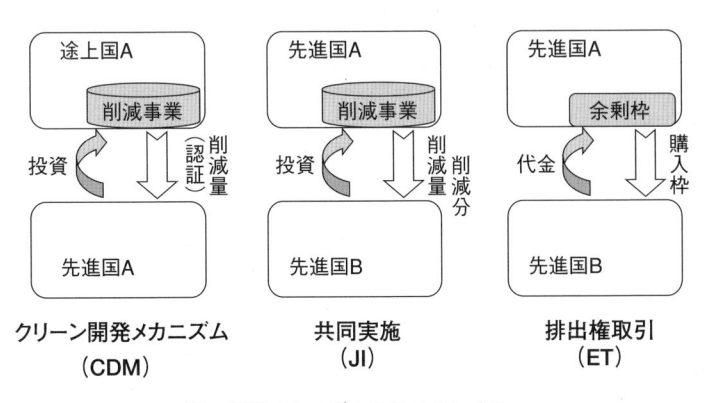

図　京都メカニズムの三つのしくみ

注) 京都議定書が対象とする温室効果ガスは，二酸化炭素，メタン，一酸化二窒素，代替フロン等（HFC, PHC, SF$_6$）である．1990 年を基準として 2008-2012 年に日本は 6 ％ の削減を約束している〔二酸化炭素換算で 1990 年の排出量は 12.6 億 t で，6 ％ は約 7,500 万 t に相当〕．日本，EU，カナダ等に加えてロシアが 2004 年批准したので発効条件を満たし発効した．米国は批准せず，中国，インド等の途上国は削減義務がない．批准国の排出量計は全体の約 4 分の 1（2004 年）．

演習問題

[1] 日本は，資源（エネルギー）の自給率が低い．食糧，エネルギーについて，現状を調べ，自給率向上の可能性（それが難しい場合は代わりの対策）を考察せよ．

[2] 水素エネルギーは，二次エネルギーである．その利点と課題を述べ，水素製造のための一次エネルギー源として有望なエネルギーを理由と共にあげよ．

[3] バイオエタノールの原料としてサトウキビ（糖質），トウモロコシ（炭水化物），木材（セルロース）が考えられる．それぞれの得失を述べよ．

[4] 輸入エタノールをガソリンに置き換えて利用する場合，価格が高いこと，体積当たりの発熱量が約 3 分の 2．であることにより，ガソリン 1 L 当たり 20 ～ 40 円程度高くなる（2005 年）．日本で消費する 6,000 万 kL/年のガソリンの 10 ％ をエタノールに代えると，コストの増加はいくらになるか（なお，エタノールの発熱量はガソリンの約 3 分の 2．このほかにガソリンスタンドの改造費が必要）．使用エタノール量の半分に相当する二酸化炭素の排出が削減されたと仮定すると，削減量はどうなるか．このコストと二酸化炭素の排出権取引（1,500 円 t-CO$_2$ と仮定）に頼った場合のコストを比較せよ．また，日本が京都議定書で約束した削減量 7,500 万 t/年と比較してみよ．

第9章　グリーンケミストリー

　豊かで持続可能な社会を支える化学技術を目指したグリーンケミストリーが世界的に広がっている．環境に優しい化学と化学技術を構築する試みで，「有害物質を排出してから処理するのではなく，出さないようにする」という予防的な考え方に特徴がある．本章では，社会における化学技術の役割を考慮しつつ，グリーンケミストリーの意義を理解する．

9.1　グリーンケミストリー (GC) とは

　GCとは，一言でいえば，「環境にやさしいものづくりの化学」(ここで化学には化学技術を含める) である．製品やプロセスを開発する際に，事前に，製品・プロセスの全ライフサイクルを考え，その環境負荷が最少になるように設計してから，開発にとりかかる．健康の問題にたとえれば，診断，治療，予防のうち，「予防」を重視する．したがって，GCは，研究開発を重視する．そして，これらの努力の結果，化学技術が持続的な社会にふさわしい体系へと発展すること (いわば体質改善) を期待する．なお，GCは，グリーン・サステイナブル・ケミストリー (GSC) ともいう．

　「環境にやさしいものづくりの化学」は，化学者・化学技術者が当然これまでにも努力してきたことであり，日本にも多くの先進的で優れた成果がある (p.173のコラム参照)．また，GCと同様のねらいをもつ環境調和型プロセス，クリーン生産，シンプルケミストリーなどの考えも早くからある．カナダで始まり世界に広まったレスポンシブルケア運動は，化学企業の自主的な

取り組みであるが，最終的なねらいはGCと共通点が多い．このように呼び名は異なるが，GCに先行する類似の活動にはかなりの歴史がある．

米国環境保護局（EPA）が，GCの名のもとに運動を推進して（大統領賞が1996年開始），新たなうねりが世界に広がった．OECDは，サステイナブル・ケミストリー（SC）の活動をほぼ同時期に始めている．日本でも，GCの活動は多くの学協会において活発になり，2001年，これらの活動拠点としてGSCネットワークが発足した．

9.2　GCを必要とする二つの理由

GCを推進すべき理由に二つある．第一の理由は，すでに述べたように，エネルギー，資源の大量消費・廃棄によって資源の枯渇と環境の汚染が進み，人間活動をこのまま量的に拡大し続けることが許されなくなったことで，これは，いわば量的問題である．第二の理由は，質的な問題である．化学は，さまざまな物質・材料の供給を通して，20世紀の豊かな物質文明に大きな貢献をしたが，一方で，化学物質が引き起こす環境汚染，健康影響は社会不安の原因となって，化学者コミュニティーに早急な対応を迫っている．3,000万種以上存在する広義の化学物質を安全性と利便性に配慮しながら使いこなすことは，決して生やさしいことではない（第6章参照）．化学物質の管理は，化学的な問題であるが，じつは，物質・材料を基礎とする物質文明全体の課題でもある．

環境負荷や化学物質のリスクを(9.1)式の右辺のように分けて考えると(Commoner, 1971)，右辺の第2，3項（第2項の一人当たりの所得は生活水準に相当するとしてよいであろう）は発展途上国を中心に今後急速に増大する．したがって，第1項の経済活動当たりの環境負荷・リスクを大幅に低下させる以外に，左辺にある全体の環境負荷・リスクを低減することはできない．しかし，過去の例は，放っておけば環境負荷・リスクは国民総生産の伸

び以上に増加することを示している.

$$\text{環境負荷・リスク} = \frac{\text{環境負荷・リスク}}{\text{国民総生産}} \times \frac{\text{国民総生産}}{\text{人口}} \times \text{人口} \tag{9.1}$$

これは,第1章の図1.3 (p.9) に示した環境クズネッツ曲線において説明した考えに共通する.つまり,単純化していえば,いかに生活水準(おそらく量ではなく質的な生活水準でなければならなくなる)を上げつつ環境負荷を低減させるか,がGCの基本である.

9.3 GCの三つのねらい

GCには三つのねらいがある.その実現には,best available technique (BAT:経済的,技術的に利用可能な技術のうち環境に最もやさしいもの)など既存化学の組み合わせも重要であるが,過去の成功例からもわかるように革新的な化学のイノベーションが大きな役割を果たす.

GCの第1のねらいは,廃棄物量やリスクを大幅に低減することである.シェルドン(Sheldon, 1992)によれば,E-ファクター(製造時の副生物/目的生成物の重量比.副生物は目的物以外のすべての物質を指すことにする)を化学プロセスの生産規模別に大雑把に分類すると,**表9.1** のようになる.付加価値の高い製品群(表の下方)ほどE-ファクターが大きい(目的生成物に

表9.1 E-ファクター

	生産量 (t/年)	E-ファクター (副生物/目的物)
石油精製	10^6–10^8	0.1程度
基礎化学品	10^4–10^6	1–5
ファイン化学品	10^2–10^4	5–50
医農薬,電子材料	10–10^3	25–100以上

(R. A. Sheldon, *Chem. Ind.*, 7 Dec. (1992) より)

対し100倍以上に達する副生物が発生).これらは,単一品種の生産量は小さくても多品種であるので,副生物の総量は相当に大きい.最終製品がいかに省エネルギーで利便性が高くても,その製造過程で多くの有害廃棄物が生成したり危険な反応試薬を使用したりすることは好ましくない.医農薬合成に活用されている精緻な有機化学合成が最大級のE-ファクターを有し,また,多くの危険な試薬を使っていることは,化学研究の進め方に改善すべき点のあることを示している.

第2のねらいは,経済性,効率性の向上である.経済性がなくては,インセンティブ(動機付け)がはたらかず普及しない.当面は,環境負荷の低減と経済性の折り合いをつけることも必要となろうが,将来は,環境負荷が小さく機能の優れた製品が競争力をもつことは間違いないであろう.幸いなことに,近年,このことに成功した事例が増えつつある.

第3のねらいは,一般市民(社会,消費者)と化学者コミュニティーの間の信頼関係の醸成である.今後,化学に限らず市民の判断が影響力を増すこと,市民の間に化学物質に対する誤解が少なくないこと(第6章コラム(p.102)参照)を考えると,化学者側から市民に対し環境負荷や安全性に関する情報,知識を積極的に公開・伝達・対話をしながらできるだけ共通の認識をもつことが大切である.一方,市民には,合理的なリスク評価に基づく適切な判断が求められる.不適切な判断のつけは,結局のところ一般市民が負担することになるからである.以上述べたGCの課題を**表9.2**にまとめておく.

表9.2 GCの背景と目的

背景	1) 生産,消費の量的拡大の限界 (量的要因)
	2) 化学物質の安全性 (質的要因)
目的	1) 環境負荷・化学リスクの大幅低減:量的および質的
	2) 経済性:経済性と環境の調和,環境効率
	3) 社会・市民と化学者コミュニティーの間の信頼関係

(御園生 誠:グリーンケミストリー,『持続的社会のための化学』,御園生 誠・村橋俊一 編,講談社 (2001) より)

9.4 グリーン度評価

局所的,部分的にみてグリーンであると判断しても,プロセス全体あるいは製品の全ライフサイクルで評価すると,実はレッド(危険)であったりブラック(廃棄物量が大)であったりする(レッドとブラックの表現は,2006年末に亡くなったフランス科学アカデミー ウリソン(Oulisson)総裁の講演から).したがって,健全な GC の発展には総合的なグリーン度評価が不可欠である.表 9.3 にあげたアナスタス(Anastas)らの提唱した GC の 12 原則においても,それら原則の間に「トレードオフの関係」が少なからずあって,全部を同時に満たすことはできない.逆に,一つ二つだけを満足させることは比較的簡単であるが,それだけでは総合評価でグリーンになるとは限らない.

グリーン度の総合評価は,基本的に LCA(ライフサイクルアセスメント)に頼ることになる.第 5 章で述べたように,LCA は有益ではあるが,その得失,限界をよく把握して活用せねばならない.条件の設定やデータの取り方で結論が反対になることもある.LCA のほかに,プロセスや製品のグリーン度について項目別のチェックリストを作成しておき,それに従って大きなリスクを見いだしてそれを排除する方法があり,そのほうが有効な場合もある.なお,ある例でグリーンになったからといって,類似した別の場合にう

表 9.3 「GC における 12 原則」から抜粋

- 有害廃棄物を出してから処理するのではなく出さないようにする(予防)
- 危険・有害物質を使わない,出さない(低毒性,防災)
- 原子効率(atom efficiency)の高い合成を選択(廃棄物低減)
- 量論反応より高効率触媒反応(触媒)
- 再生可能資源を原料とする(原料)
- 省エネルギーとエネルギー効率の向上(エネルギー)

(P. T. Anastas, J. C. Warner:『Green Chemistry;Theory and Practice』, Oxford University Press (1998)(渡辺 正・北島昌夫 訳,丸善 (1999))より)

まくいくとは限らない．すなわち，グリーン度は「ケースバイケース」であり，安易に一般化することはできない．

となると，途方もない手間をかけて評価しなければ研究できないように思えるかもしれないが，決してそうではない．研究を始める段階で，実用化された場合を想定し，おおよその環境負荷を予想して，それが現行法に比べ，どの程度メリットがあるかを吟味しておくとよい．その際，大きなメリットがあればもちろんよいが，そうでなくても，今より改善されるのであればそれなりの GC である．評価の精度は研究の進展に応じて上げていけばよいであろう．

海外における評価の実践事例には，eco-compass (Dow 社)，product excellency (Bayer 社)，eco-efficiency (BASF 社) 等がある．BASF 社の例は，環境負荷 (第 5 章 図 5.3 (p.73)) と，別途求めた経済性 (コスト) を図 9.1 のように二次元表示するもので，図の右上になるほど環境負荷が小さくまた経済性も高いので，エコ効率が優れていると判断する．他方，左下に外れる天然からのものはエコ効率が悪く，経済性も非常に低い．BASF 社ではこの図をみながら開発の戦略を経営者の責任で決めるという．

9.5 グリーンプロセス

有機合成プロセスについては多くの GC 成功例がある．成功のポイントは，反応効率と分離効率の改善にある．反応については，表 9.3 にあるように，収率，選択性に加え危険性，有害性などが小さいことが条件．分離プロセスは，資源消費や廃棄物に関して，反応プロセス自身よりグリーン度に対する影響が大きいといっても過言ではない．特に，多段ステップを要する医薬品・農薬の合成では，溶剤分離，生成物精製を繰り返し行うので，分離の簡便さはとくに重要になる．有機合成だけでなく無機・金属系材料プロセスの GC も重要な対象である．例えば，リソグラフィーを用いる光・電子ナノ

9.5 グリーンプロセス

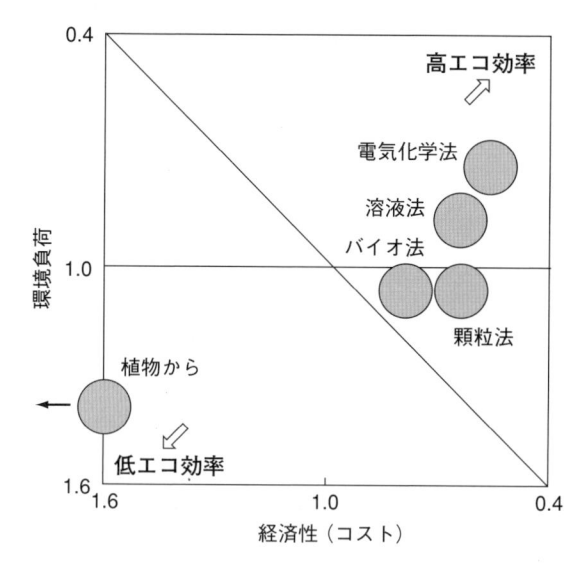

図 9.1 BASF 社のエコ効率
環境負荷と経済性の二次元表示．インジゴ合成の例．BASF 社ホームページより．

機能材料の製造は，多段の工程を経て，時には大量の有害な試薬を使って行われるので，グリーン化の余地が大きいと思われる．

ここでは，有機合成を例に GC の取り組み方をより具体的に考えてみよう．

1) 有機合成では，なぜ E-ファクターが大きいか

ファインケミカルや医農薬，有機電子材料（液晶，有機 EL）の E-ファクター（表 9.1）は，場合によっては 1,000 以上にもなる．これらは付加価値が高い製品群としてその成長が期待される分野である．実際，精緻な有機合成技術を駆使して製造されているのだが，それが，これほどまでに廃棄物を出しては困る．GC は，これらの問題の解決に対し基本的な考え方や方法を提示する．

2) 原子効率（原子経済，原子利用率ともいう）

反応式の生成物全体（右辺）の分子量に対する目的生成物の分子量の比を

原子効率という．反応式からだけ論じるいわば"理論値"である．例えば，エチレンオキシドを製造する旧法（クロロヒドリン法）は，(9.3)，(9.4) 式の二段階反応により同一反応槽で進む．全体では (9.5) 式になる．

$$Cl_2 + H_2O \longrightarrow HOCl + HCl \tag{9.2}$$

$$CH_2{=}CH_2 + HOCl \longrightarrow CH_2(OH)\text{-}CH_2Cl \tag{9.3}$$

$$2\,CH_2(OH)\text{-}CH_2Cl + Ca(OH)_2 \longrightarrow 2\,\underset{O}{CH_2\text{-}CH_2} + CaCl_2 + 2\,H_2O \tag{9.4}$$

$$CH_2{=}CH_2 + Cl_2 + Ca(OH)_2 \longrightarrow \underset{O}{CH_2\text{-}CH_2} + CaCl_2 + H_2O \tag{9.5}$$

実際の選択率はエチレン基準で約 80 % だが，仮に収率 100 % であっても，(9.5) 式の右辺をみると，目的とするプロピレンオキシドの分子量 (44) は，右辺全体の分子量 ($173 = 44 + 111 + 18$．当然，左辺に等しい) の 25 % である．この値 (25 % = 全生成物中の目的生成物の重量分率) を原子効率という．残りの 75 % は副生物（塩化カルシウムを含む排水）となる．

他方，銀触媒を用いる酸素酸化では ((9.6) 式)，選択率 100 % なら副生物はない．つまり，原子効率は 100 % である．GC はこのような反応をターゲットに選ぶ．実際の工業プロセスでも選択率は 80 % を少し超えるので，旧法に比べ実質の原子効率でも約 4 倍となっている．

$$CH_2{=}CH_2 + 1/2\,O_2 \longrightarrow \underset{O}{CH_2{=}CH_2} \tag{9.6}$$

上の例にみられるように，一般に触媒反応は量論反応より原子効率が高い．この傾向は，多段の反応を必要とする医農薬の合成では特に顕著になる．殺虫剤の有効成分であるアレスリンの構造式と基礎原料からの合成反応をまとめた式を図 9.2 に示すが（この合成経路はやや古い例だが原子効率の理解には十分であろう），全反応数は 36，各ルートの平均反応数（ステップ数）は 9 である．右辺の全分子量は 2,075，アレスリンの分子量は 302 だから，原子

9.5 グリーンプロセス

$CH_4 + 4 CO + 4 CH_3OH + 6 C_2H_4 + C_2H_2 + 4 C_3H_6 + (3/2) H_2$
$+ 3 NH_3 + Na + 5 Cl_2 + (17/2) O_2 + 5 NaOH + 2 KOH +$
$(1/2) Ca(OH)_2 + (3/2) Ba(OH)_2 + (3/2) H_2SO_4$

$\longrightarrow$ アレスリン $+ CH_2O + 5 C_2H_5OH + N_2 + NH_3$
$+ 3 CO_2 + 5 HCl + 4 NaCl + Na_2CO_3 + K_2CO_3$
$+ (1/2) CaCl_2 + (3/2) BaSO_4 + 15 H_2O$

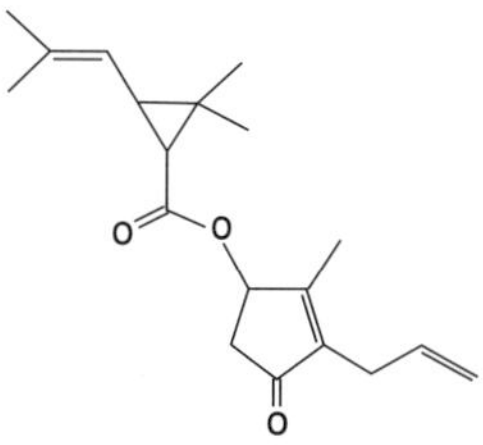

- 全分子量 2075　アレスリンの分子量 302
  　　　　　　$\longrightarrow$ 原子効率 $= 302/2075 = 14\%$
- 全反応数 36　ルートの平均長さ（ステップ数）9
- 各ステップの収率が 90 % であれば
  1 ルートの収率 39 % $\longrightarrow$ 原子効率 $= 15\% \times 0.39 = 6\%$

アレスリン

図 9.2　アレスリン合成の原子効率

効率は 15 % となる．もし，各反応の収率が 100 % ではなく 90 % となると，実質の原子効率は 6 % に激減する．全反応について収率 90 % を達成することは難しいので，実質の原子効率はさらに低いことになる．原子効率は反応式だけで論じるが，実際の廃棄物は溶媒その他が含まれるのでずっと多くなり，E-ファクターは非常に大きくなる．

3) 合成段階のグリーン化

(9.7) 式で表現される合成反応を考える．主原料 A から C と C′ が生成，D は A, B から脱離生成する無機塩などの副生物とする．

$$A (主原料) + B \xrightarrow[\text{触媒, 溶媒}]{\text{補助試薬}} C (主目的物) + C' + D \qquad (9.7)$$

通常，有機合成では，主目的物 C の収率 ($= 100 \times C/A$，モル比)，選択率 ($= 100 \times C/(C + C')$，モル比) のみに注意が行きがちであるが，GC では，触媒，補助試薬，溶媒を含めた反応系全体の物質収支を，収率，選択率と同格において考える．また，使う試薬のうちには，その試薬を作るまでに相当大きな環境負荷を背負っているものもある．そういう試薬をなるべく避け，また，危険な試薬や中間体も回避するようにする．

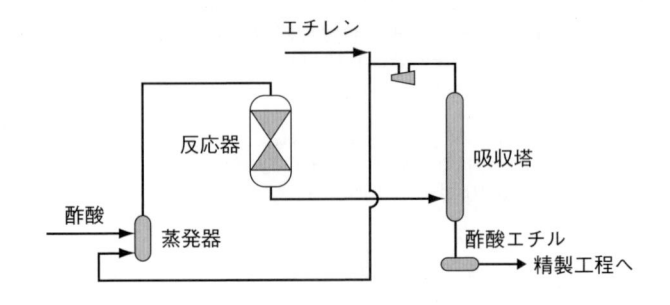

	ヘテロポリ酸法	エステル化 （硫酸法）	ワッカー・ティ シェンコ反応
原子効率	◎	△	△
排水負荷	◎	○	×
安全性	◎	△	△
廃触媒	◎ （ヘテロポリ酸 再利用）	△ （中和処理）	× （含ハロゲン 廃棄物）

図9.3 固体ヘテロポリ酸を触媒とするグリーンプロセスの例
酢酸エチルの製造におけるヘテロポリ酸法（昭和電工）と従来法
とのグリーン度比較.

4) 分離・精製段階

合成反応の終了後には，必ず目的物，溶媒，触媒等の分離精製が伴う．蒸留，抽出，晶析，クロマトグラフィー，光学分割などである．このとき資源，エネルギーを大量に消費することが多い．石油化学産業が消費する全エネルギーの半分は分離工程で消費されるといわれている．

分離・精製の重要性は，工業化に成功したグリーンプロセスに分離工程の簡素化が鍵となった例が多いことからわかる．図9.3は，固体ヘテロポリ酸触媒を用いてエチレンと酢酸から酢酸エチルを合成するプロセスのフロー図である．触媒が固体であるため，従来の硫酸を用いるプロセスに比べ，触媒の分離が簡単でエネルギー消費が少なく，かつ廃硫酸の問題がない．また，コスト面でもすぐれている．溶液中でヘテロポリ酸を触媒として，混合ブテ

ンからイソブチレンを選択的に水和・分離するプロセスも同様で，触媒が高選択的であると同時に，反応後，反応系が生成物相（t-ブタノール）と触媒を含む水相の二層に分かれるため分離が簡単になっている．その結果，廃棄物がほぼゼロのきわめてグリーンでかつ経済性の高いプロセスが完成した．

このほか，水溶性金属錯体を用いるヒドロホルミル化反応の例では生成物と触媒の相分離が鍵になっていて，触媒を含む水相が反応後に容易に分離しリサイクルされる．イオン液体でも，溶解力，触媒能を制御して分離が容易で反応効率が向上した二相系のアルキル化反応プロセスが開発されている．

5）溶媒問題

溶媒の適切な選択は有機合成の収率・選択性向上に欠かせない．しかし，GCの観点からは溶媒は問題を抱えている．まず，上述のように，溶媒は，合成，分離段階で繰り返し大量に使用され，E-ファクター増大の最大の原因となる．さらに，化学災害や健康被害を起こす原因ともなりうる．

溶媒の評価におけるポイントは，

（a）反応と生成物分離の効率は向上したか．
（b）溶媒の分離，回収の効率は向上したか．
（c）E-ファクターは小さくなったか．
（d）危険性（健康影響，化学災害）は低減したか．
（e）反応条件が極端ではないか（高温，低温，高圧，低濃度すぎないか）．

各項目について，できるだけ定量的に評価し，それらを総合して優劣を判断する．例えば，単に水溶媒であるから有機溶媒に比べグリーンというわけではない．微量の有機物を含む排水の処理は一般に困難で，グリーンではなくなってしまう可能性がある．この場合，水溶媒をそのまま再利用すれば解決できる場合がある．上述の水溶性錯体触媒を用いたヒドロホルミル化の例では，触媒を含む水溶液が相分離してそのままリサイクルされるのでグリーンになっている．また，有機溶媒の健康影響は問題だが，もし，一般環境の揮発性有機化合物（VOC）を論ずるのであれば，塗装，印刷，クリーニングが

表9.4 グリーン有機合成のための研究開発目標

- 原子効率が高く、E-ファクターの小さい合成経路
- 少数ステップの合成経路
- 高効率でシンプルな触媒反応
- 異相系反応（固体触媒、相分離、相間移動、固定化試薬など）
- 反応媒体（超臨界流体、イオン液体、フッ素化溶媒、無溶媒反応など）
- 危険有害性試薬の回避（ホスゲン、有機塩素化合物など）
- 環境負荷の大きい試薬の回避（試薬合成時の環境負荷と試薬自身が与える環境負荷）
- グリーン原料の有効利用

主な発生源であり、これらの低減が優先すべき課題となる。

ある製薬企業では、合成経路の最適化に伴い使用する溶媒、水および原料等が激減したことが報告されているが、それでもまだかなりの溶媒が使われている。別の製薬企業では、合成経路を改善して、製品1t当たりの溶媒使用量23万Lを10分の1に減らして米国GC大統領賞を受賞した。同じ意味で、多段合成を少数の溶媒種で行うことや、ワンポット合成（一つの反応器で多段の反応を実施）で行うことなどは、GCのすぐれた目標となる。

6) グリーン有機合成の研究開発目標

研究開発のターゲットを表9.4に例示する。このほかに、研究開発の手法のグリーン化（実験室のグリーン化、マイクロスケール化など）も課題となりつつある。近年、短時間に厖大な医農薬の候補物質を合成、スクリーニングする手法が普及し、医農薬の探索段階における環境負荷もバカにならなくなっている。

9.6 グリーン原料、グリーン製品、リサイクル

自然再生が可能な植物資源（バイオマスなど）の活用は、循環型社会にふさわしいグリーン化学技術として注目される。すでに繊維、ゴム、木材などの天然材料は大量に利用されている。とはいえ、植物資源も大量に使用すれ

ば再生が追いつかず環境を破壊する．また，製造プロセスに再生不可能な化石資源を大量に消費したり，処理困難な廃棄物が多量に排出されたりしては困る (8.8.2 項参照)．

製品のグリーン度は，総合的な環境負荷と機能の高さがポイントであり，有用性，耐久性，安全性などを含め全ライフサイクルについて評価される．実際に生活環境内を流通するのは製品であるから，製品のグリーン化が GC において最重要といっても過言ではない．高機能で環境にやさしく安全な製品があらゆるところで期待される．農薬は，近年，高機能化と環境調和性が増し，耕地当たりの使用量が格段に減ったといわれる．グリーン製品の候補には，高機能・高耐久性ポリマー，生分解性プラスチックの生分解性の活用，高機能な水溶性塗料，環境負荷の小さいプラスチック添加剤，環境や人にやさしい界面活性剤，接着剤，印刷インキ等があげられる．

表9.5 には，日本の GSC 賞，米国の GC 大統領賞に選ばれたグリーン製品

表9.5 グリーン製品の例 (グリーンケミストリー関連受賞例から)

GSC (グリーンサステイナブルケミストリー) 賞 (2001–2006) 日本
- 水なし印刷用 CTP 版 (東レ)
- 自己消火性エポキシ樹脂 (日本電気，住友ベークライト)
- 冷媒・洗浄・ドライエッチング用フッ素化合物 (日本ゼオン，産総研)
- 水溶媒塗布・熱現像感光フィルム (富士写真フィルム)

GC 大統領賞・グリーン化学製品賞 (1996–2006) 米国
- Greenlist 製品含有成分の環境・健康影響の評価システム (SC Johnson)
- ラテックス塗料油用の非揮発化添加剤 (Archer Midland)
- 有機系顔料 (重金属回避) (Engelhard)
- リサイクル型カーペット (Shaw Industry)
- 木材ボード用保護剤 (ヒ素回避) (Chemical Specialties)
- カチオン性電着プライマー (イットリウムで鉛を代替) (PPG Industries)
- 新シロアリ駆除剤 (殺虫剤使用量の大幅減少) (Dow AgroSciences)
- 駆虫用天然物 (Dow AgroSciences)，芋虫駆除剤 (Rohm and Haas)，微生物駆除剤 (Albright & Wilson)
- 新船底塗料 (Rohm and Haas)

(このほか，GC 大統領賞・小規模ビジネス賞でグリーン化学製品の例が多数ある)

の例をあげた．グリーンな発明発見のための継続的な努力が大事であろう．特に身近な生活におけるグリーン化学製品(燃料,医薬,農薬,化粧品,洗剤,公衆衛生用品,情報関連材料,家電製品)の進展が期待される(図11.5(p. 215)参照).

廃棄物の再利用，リサイクルは循環型社会の実現の観点から関心が集まっていて，GCのターゲットの一つである．リサイクルはエネルギー多消費型に陥りやすいので現在は評価が分かれているが，今後の技術の進歩や社会システムの変化により可能性は高まると思われる．当面は各種の試行錯誤も許し，トータルのグリーン度の評価とその将来の変化を予測して，試行錯誤をしながら取捨選択していくことが必要である．廃棄物の再利用については第10章で改めて述べる．

9.7 GCのまとめ

いうまでもなく，物質の個性を知り，その知識を活かして物質を効率的に変換し，有用な物質・材料群を作り，社会に供給する化学と化学技術(あるいは物質・材料の科学と技術)の重要性は今後ますます増大する．その力量を高めることは，化学，化学技術に携わるものにとってやりがいのある仕事である．ただし，すでに述べたように，今まで通りのやり方をそのまま踏襲したのでは，破綻の道へ向かって加速してしまう恐れがある．GCは，化学が良い方向へ進むためのパラダイム転換のあり方を指し示すものである．

GC 以前の GC

　本文で述べたように，環境にやさしいものづくりは，化学者・化学技術者がこれまでにも配慮してきたことであり，わが国にも多くの先進的で優れた成果がある．

　図はそのよい例で，わが国の紙・パルプ産業が河川に排出する BOD（生物化学的酸素要求量．有機系排出物と一応考えてよい）の低減に関するものである．河川に流入する BOD は，1970 年は 375 万 t あって，その大部分が工場の排水，そして，その半分が紙・パルプ産業からのものであった．しかし，約 20 年後には，BOD 総量が 78 万 t と大幅に減った．家庭からの排出はさほど減少せず，工業界の努力による低減が大きかったことがわかる．中西 (1994) の調査によると，紙・パルプ工業排水中の BOD の低減は，排水処理による寄与分が 15 % で，残り 85 % はプロセスの転換（亜硫酸パルプからクラフトパルプ）と，原料に古紙を活用したことによっている．

　酸アルカリ工業の基本である食塩の電気分解において，日本企業は，水銀法，隔膜法という既存技術に比較し，環境安全面で格段に優れているだけでなく，エネルギー効率でも，経済性でも優れたイオン交換膜法を世界に先駆け実用化し普及させた（電力原単位 kWh$(t\text{-NaOH})^{-1}$；イオン交換膜法 2,425，水銀法 3,300，隔膜法 3,750）．

　これらの実績は，GC が謳われる以前のことであるが，GC の典型例である．

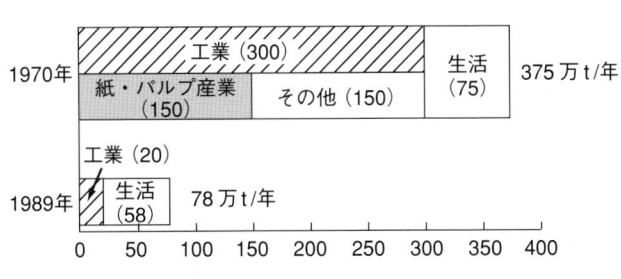

図　プロセス転換による環境負荷の大幅な低減
紙・パルプ産業が河川に排出する BOD．（中西準子『水の環境戦略』(岩波書店, 1994) より）

エコマテリアル

　環境負荷の小さい資源と環境に配慮した材料に対して，金属材料系研究者らにより1991年に名付けられ，翌年から国際会議が日本で開かれている．1）環境影響（有害）物質の使用削減，2）環境負荷の低い資源の利用（再生可能資源，廃棄物利用など），3）環境負荷の低いプロセス，4）リサイクルしやすい，5）使用時の生産性が高い（軽量・小型化，省エネ，耐久性など），6）環境浄化性がある，を特性とする．鉛フリーはんだ，クロメートフリー鋼板，低VOC（揮発性有機化合物）塗料，環境触媒，超鉄鋼，建築用再生木材，生分解性プラスチックなど広範な材料が含まれる．
　エコマテリアル研究会「エコマテリアル設計の17箇条」からエッセンスを表に示す．

表　「エコマテリアル設計の17箇条」から

1, 14.	ライフサイクルを通じて環境負荷が最小，無毒性．
2-4.	原料は，少量，低毒性，再生可能資源．
6.	廃棄物を出さない．
7-9.	長寿命・高性能・小型の材料．
10, 11.	単純な成分，添加物に依存しない材料．
12, 13.	リユース，リサイクル可能な材料．
15.	自然の物質循環システムに組み込まれる材料．
16.	天然材料の性能・機能に類似した材料．
17.	環境保全に貢献する材料．

演習問題

[1] 原子効率とE-ファクターの違いを説明せよ．なぜ，後者の場合に副生物が圧倒的に多いことになるのか考察せよ．

[2] プロピレンオキシドの場合について，本章の (9.2), (9.3) 式に対応するクロロヒドリン法と，次の (1), (2) 式を組み合わせた反応について原子効率を計算して比較せよ．

$$H_2 + O_2 \longrightarrow H_2O_2 \qquad (1)$$
$$H_2O_2 + プロピレン \longrightarrow プロピレンオキシド + H_2O \qquad (2)$$

[3] GCの12原則 (p.163の表9.3) にある各原則の間でトレードオフ (相反) 関係になることがしばしばある．この場合，すべてを満足させようとすることは難しいだけでなく必ずしも賢明ではない．工業的な合成プロセスの具体例をあげ，トレードオフ (相反) 関係の存在を考察せよ．

第10章 廃棄物処理とリサイクルの化学技術

　人間活動に伴い発生する排出物,特に固形廃棄物の発生と処理の現状を知り,その対応策を学ぶ.廃棄物の再資源化の目的には,(1) 廃棄物による環境汚染の防止と,(2) 資源消費量の低減の二つがあることを踏まえ,適切な再資源化のあり方を総合的に考える.エネルギー消費,経済性の評価ぬきの部分的な評価では判断できないことを理解する.

10.1 資源の消費と廃棄の現状

　産業,生活等の人間活動に伴い不要物(固形廃棄物,大気,水,土壌への排出物)は,不可避的に発生する.かつて,これら不要物の量は少なく,自然の循環の中に吸収される程度であったが,いまや,第1章の図1.1 (p.4) に例示したように激増して,それらが自然環境,生活環境へ及ぼす影響が看過できないものになった.また,廃棄物の増大は,資源消費が増加したことの必然的な結果であり,資源消費量の抑制という観点からも問題である.本章では固形廃棄物の量的な問題を中心に解説するが,その前に全体を概観しておく.なお,固形廃棄物は,資源消費量,廃棄物処理の量的な問題と,環境,健康への危険有害性等の質的な問題の二つがある.

　まず,日本の物質フローの概要は (2004年),第3章の図3.2 (p.35) にあるように,総物質投入量19.4億t(天然資源投入量17.0億tと循環利用量2.5億t)がインプット(物質フローの"社会"への入口).他方,アウトプット("社会"からの出口)はほぼ同量で,循環再利用量はインプットの10％

強．廃棄物6.1億tの大半は産業廃棄物であり，その半分近くが再資源化されている．その内訳[†1]，および世界の廃棄物[†2]については脚注参照．

人間活動に伴い大気中へ排出される物質は，量的には化石燃料の燃焼により発生する二酸化炭素と水が主である．大気中の二酸化炭素濃度は漸増の傾向にあり，地球温暖化をもたらすことが懸念されている．一方，水蒸気濃度は一定と見なされる．燃焼に伴い発生する硫黄・窒素酸化物，一酸化炭素などの大気汚染物質は，量的な寄与は少ないが，健康，環境への悪影響がある．土壌への排出は，工場からの漏洩，残留農薬等であり，土壌・地下水の汚染をもたらすおそれがある．水環境へ排出される有機物(COD, BOD)，有害な重金属，有機塩素化合物等は，河川や地下水を汚染する．ちなみに日本の下水処理量は，132億m^3/年である．

世界の大気汚染物質（硫黄酸化物と窒素酸化物）の排出量については7.2節で述べた．

10.2 日本の廃棄物の現状

10.2.1 廃棄物の分類

日本では廃棄物処理法により，廃棄物は図10.1に示すように分類される．

産業廃棄物は，産業活動により排出されるもので，図に示す燃えがら（石炭がらなど），汚泥（廃水処理や製造工程などから）など20種類が法により

[†1] インプットの内容を資源系別にみると（別分類は3.2節参照），非金属鉱物系10億t，バイオマス系2億t，化石系5億t，金属系1.6億tである．他方，アウトプットのうち，廃棄物5.8億tの内訳は，バイオマス系52 %，非鉄金属鉱物系39 %，金属系6 %，化石系（廃プラスチック，ペットボトル等）3 %．

[†2] 世界の廃棄物の総量は約127億tで，2050年には270億tになると予測されている（『循環型社会白書（平成18年版）』）．一般廃棄物は，OECD全体で5.9億t/年，日本はその約10 %で5,200万t，米国20,700万t，英国3,500万t，ドイツ4,900万tである．一人当たりでは，日本410，米国730，英国580，ドイツ590（単位：kg/年）．途上国の一人当たりの排出量は，先進国に比較すると小さいが，都市部では同程度である．

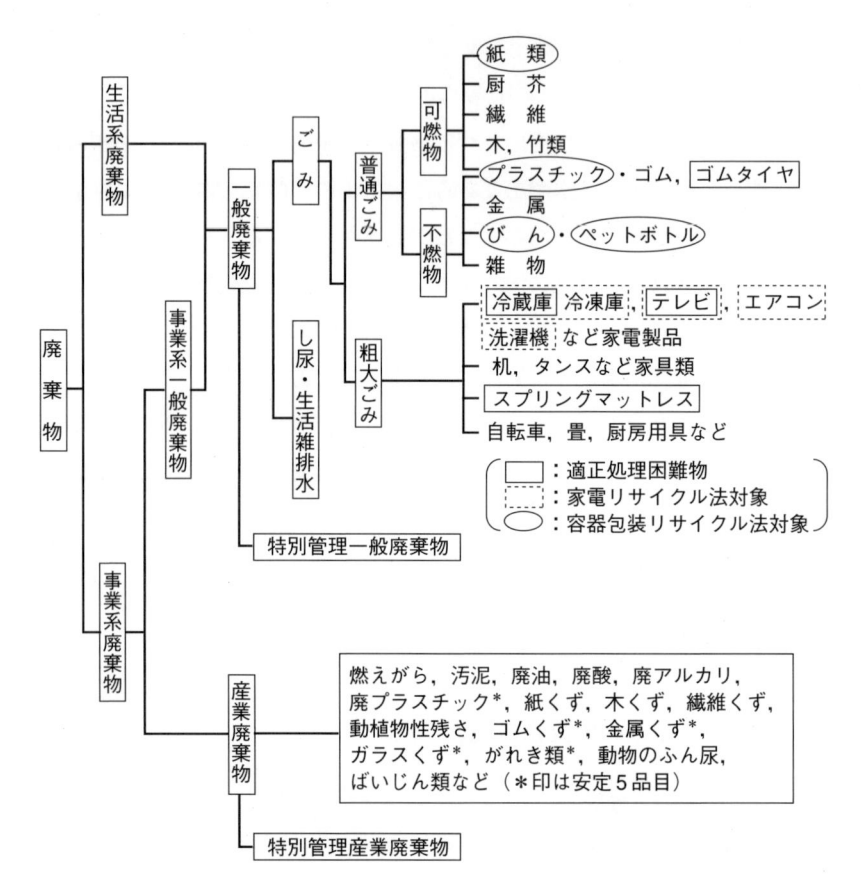

第10章 廃棄物処理とリサイクルの化学技術

```
廃棄物
├─ 一般廃棄物
│   ├─ 生活系廃棄物
│   │   ├─ ごみ
│   │   │   ├─ 普通ごみ
│   │   │   │   ├─ 可燃物 ─ 紙類／厨芥／繊維／木, 竹類／(プラスチック)・ゴム・[ゴムタイヤ]／金属
│   │   │   │   └─ 不燃物 ─ (びん)・(ペットボトル)／雑物
│   │   │   └─ 粗大ごみ ─ [冷蔵庫][冷凍庫][テレビ][エアコン][洗濯機] など家電製品／机, タンスなど家具類／[スプリングマットレス]／自転車, 畳, 厨房用具など
│   │   └─ し尿・生活雑排水
│   └─ 事業系一般廃棄物
│       └─ 特別管理一般廃棄物
└─ 事業系廃棄物
    └─ 産業廃棄物
        （燃えがら, 汚泥, 廃油, 廃酸, 廃アルカリ,
        廃プラスチック*, 紙くず, 木くず, 繊維くず,
        動植物性残さ, ゴムくず, 金属くず*,
        ガラスくず*, がれき類*, 動物のふん尿,
        ばいじん類など（*印は安定5品目））
        └─ 特別管理産業廃棄物
```

□：適正処理困難物
┆┆：家電リサイクル法対象
○：容器包装リサイクル法対象

図 10.1　廃棄物の分類　　（環境省資料を元に作図）

定められている．産業廃棄物以外を一般廃棄物というが，一般廃棄物は生活系廃棄物と事業系一般廃棄物からなり，それぞれにごみとし尿がある．廃棄物総量は近年ほぼ一定で1年間で5～6億 t, うち産業廃棄物約4億 t, 一般廃棄物約 8,000 万 t (ごみ 5,400 万 t, し尿約 2,600 万 t) で, 廃棄物統計外が約1億 t ある．ごみは, 1980 年代に増加した後, 過去 15 年間は微増程度．一方，産業廃棄物は過去 10 年でわずかながら減少した．

10.2.2 一般廃棄物，産業廃棄物の内訳

一般廃棄物からし尿を除いたものをごみというが，その量は約5千万 t/年で，そのうち，生活系ごみが3分の2，事業系ごみが3分の1である．一般廃棄物の約1割が再資源化されている．統計に現れた産業廃棄物は約3.9億tで，約半分が汚泥，次いで動物のふん尿，がれき類である．内訳は脚注[†]参照．

10.3 廃棄物の処理技術

産業廃棄物は排出事業主が，一般廃棄物（ごみとし尿）は市区町村が処理することになっている．ごみは，分別・収集後，焼却等の中間処理により減量・減容化し，また，一部再資源化を図った後に，残った分は最終処分にまわされる．

10.3.1 3R

3Rとは，reduce（発生抑制），reuse（再使用），recycle（再生利用）のこと．廃棄物量を低減し，また，再資源化量を増やすことは，資源節約および最終処分量削減に貢献する．ただし，再資源化を含め廃棄物処理に必要なエネルギーと資源を考慮したうえで適切な処分法を選択することが大事である．3Rの優先順位は，reduce > reuse > recycle とされる．第3章の記述でわかるように，安価で大量な資源供給を前提にした大量生産，大量消費の現在の物質文明から脱却するために，廃棄物の発生抑制が重視されるのは当然であ

[†] 一般廃棄物の内訳 (2001)；(京都市の場合，高月 (2004)) 乾燥重量比で，容器・包装材35 %，食料品16 %，商品15 %．材質では，紙とプラスチックを合わせると60 % を超える．産業廃棄物の内訳 (2002)；汚泥46 %，動物のふん尿23 %，がれき類14 %，鉱さい4 %，煤じん2.6 %，金属くず2 %，廃プラスチック1.4 % などである．排出する業種をみると，農業23 %，電気・ガス・水道等23 %，建設業19 %，紙・パルプ等8 %，鉄鋼7 %，化学工業4 % などとなっている（『循環型社会白書（平成18年版）』）．

る．他方，リサイクルには，多くの場合，かなりの資源やエネルギーが必要となるので優先順位は低い．さらに，廃棄物の削減は，中間処理や再資源化によるよりも，おおもととなる消費量自体を減らすことが好ましい．なお，3R に recover や repair を加え，4R, 5R ということもある．

10.3.2 廃棄物処理の流れ

1) ごみ処理の流れ

一般廃棄物のうちのごみ処理の流れを図 10.2 に示す (2004 年)．過去 10 年間，ごみ排出量は総量約 5,000 万 t/年，一人一日 1.1 kg でほぼ一定．中間処理の大部分は直接焼却 (78 %) で，最終処分の大部分は埋め立てである．集団回収量 (市町村等と住民団体等による資源回収量) を含めると再資源化量は約 900 万 t と報告されている．ごみの最終処分量は総量 800 万 t，一人一日 0.2 kg で，これらは共に減少傾向にある (10 年間で −40 %)．わが国のし尿処理は，水洗化の割合が増加していて，公共下水道と浄化槽の利用人口は 1 億人強である．

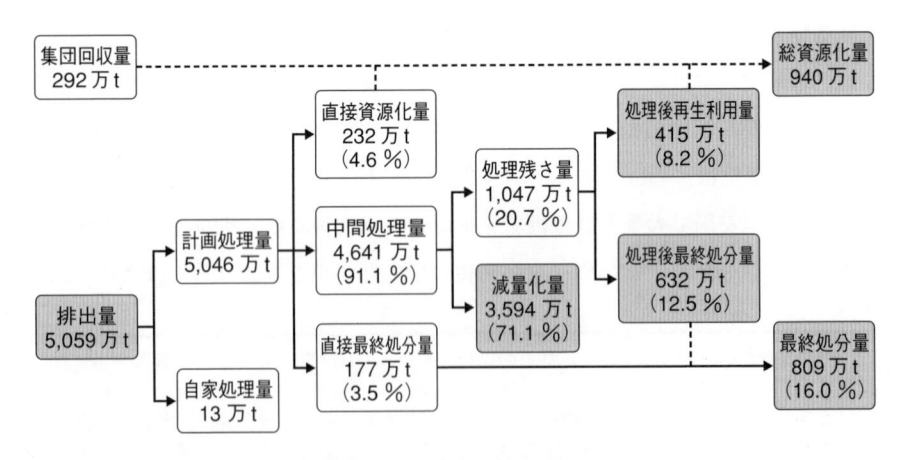

図 10.2 ごみ処理の流れ (2004)
(『環境・循環型社会白書 (平成 19 年版)』(環境省, 2007) を元に作図)

10.3 廃棄物の処理技術

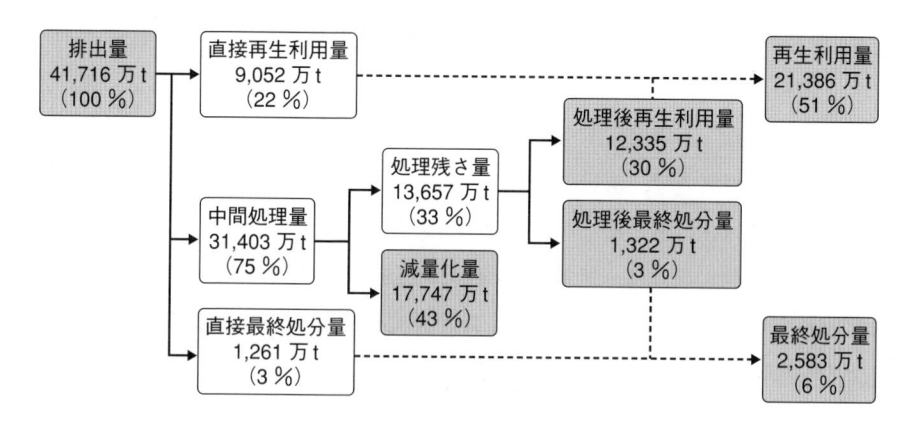

図 10.3 産業廃棄物処理の流れ (2004)
(『環境・循環型社会白書 (平成 19 年版)』(環境省, 2007) を元に作図)

2) 産業廃棄物の流れ

産業廃棄物処理の流れを**図 10.3** に示す (2004 年). 統計に現れる産業廃棄物の総量は年間約 4 億 t. 中間処理による減量が約 1.8 億 t, 最終処分量が約 2,600 万 t. 産業廃棄物の約半分は再利用されている. 不法投棄の大部分は産業廃棄物 (主に建設系) で, 約 75 万 t (2003 年) が確認された.

3) 分別収集と中間処理 (焼却, 乾燥等)

全国の市町村における分別種類数は, 1 種から 20 種以上までさまざまであるが, 4～10 種類程度が多い. 分別がどのような効果をあげているかについての実態は不明であり, 今後, 実情と将来性を十分に精査したうえでコストパフォーマンスの高い分別法を選択することになろう.

4) 最終処分

ごみの最終処分法は, 基本的に, 直接埋め立て, または, 焼却後に焼却灰として埋め立てである. 産業廃棄物も同様. 最終処分の総量は, 2004 年までの 10 年間で約 1 億 t から 3 千万 t 以下に減少した.

最終処分場とは廃棄物の埋め立て用地である. 処分場には, 安定型, 管理型, 遮断型処分場の 3 種がある. 安定型は, 安定 5 品目 (金属, ガラス・陶器,

廃プラスチック, ゴム, 廃建材くず) のみからなる廃棄物に利用されるもので, 用地が安定して囲いがあればよい. 管理型には, 地下水汚染防止, 悪臭対策が施され, 有機系産業廃棄物に利用できる. 遮断型は, コンクリート遮断構造をもつもので, 有害物質を含む場合に利用される.

処分場の確保は慢性的な問題となっており, 一般廃棄物については, 残余年数が過去数年間ほぼ一定で約13年分, 他方, 産業廃棄物用は, 近年やや増加気味ではあるが, 約6年分と短く, 産業廃棄物処分場の確保が喫緊の問題となっている (2003年). 一般廃棄物も地域によっては切迫していて, 過去の処分場を掘り起こして減量化後に埋め戻したり, ごみ排出量の緊急低減策を講じたりした市町村もある.

5) 特別管理廃棄物

爆発性, 毒性, 感染性などによる悪影響を生じる可能性のある一般および産業廃棄物で, PCB, 煤じん, 感染性物質, 有害危険物を含む汚泥などが含まれる.

6) ごみ処理事業経費

かなり以前の環境白書によると, 約5,000万tのごみ処理にかかる経費は, 年間2兆4千億円に達する. これは一人当たり1万9千円, ごみ1kg当たり50円弱に相当する. ただし, この経費は, 清掃工場の建設費等を含まない運転経費のみではないかと思われる.

10.4 再資源化技術

10.4.1 概要

廃棄物等の循環利用の現状を資源の種類別にみたのが図10.4である. 廃棄物全体の資源としての再利用率は53%であるが, 金属系はすでに97%で非常に高い. 一方, 化石系の産業廃棄物の再利用率は比較的高いものの, 化石系資源全体でみると33%と低い. 化石系資源は主として燃料として用

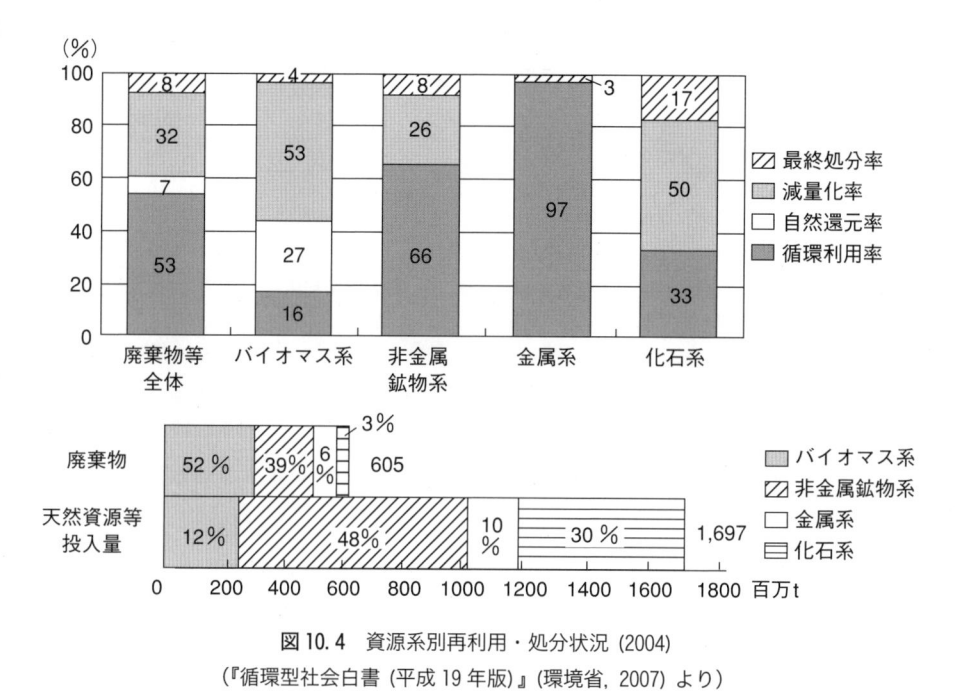

図10.4 資源系別再利用・処分状況 (2004)
(『循環型社会白書 (平成19年版)』(環境省, 2007) より)

いられるので，インプットで全体の約30％を占めるが，廃棄物中の割合は約3％にすぎない．バイオ系資源が廃棄物量（出口）＞投入量（入口）となっている理由は，バイオ系廃棄物は含水量が多いこと，また，排水処理で発生する余剰汚泥，植物（作物）成長量があるためと思われる．

資源の有効利用，再資源化の程度は，入口（インプット）の天然資源投入量，出口（アウトプット）の廃棄物最終処分量および資源循環量から評価される．これらの改善が必要となるが（前二者を低減し，循環量を増加），循環型社会形成基本計画では，そのための指標として資源生産性，循環利用率（リサイクル率），最終処分量をあげている．これらの実績と目標値を表10.1に示す．ただし，資源生産性は，循環利用率だけでなく，誘発利用量や需要量に依存し，過去の資源生産性の向上（1980～1998年で73％改善）は，技術革新，需要構造の変化によるところが大きい（第8章コラム「エネルギー生産

表 10.1 資源生産性の改善

指標	平成 2 年 (1990)	平成 12 年 (2000)	平成 22 年 (2010)
入口：資源生産性 (GDP/DMI) (万円/t)	21	28	39
循環：循環利用率 (R/(DMI + R))	8	10	14
出口：最終処分量	1.1 億 t	5,600 万 t	2,600 万 t

DMI (direct material input)：天然資源投入量，R：資源循環利用量，GDP：国民総生産
(『循環型社会白書 (平成 15 年版)』，環境省 (2003) より)

性と資源生産性」(p. 155) 参照)．この表 10.1 の目標を達成するには，総生産の伸びが年率 +1 % の場合，天然資源投入量を 20 % 減少させることが必要になる．

循環利用率は，資源循環利用量/(循環利用量 + 天然資源投入量)，リサイクル率 (再生利用率) は，(直接資源化量 + 中間処理後再生使用量 + 集団回収量)/(ごみの総処理量 + 集団回収量) である．リサイクル率は，廃棄物処理基本方針の目標に掲げられていて，この式の分子を総再資源化量と見なしている．

10.4.2　再資源化の現状

2002 年の循環利用率は 10.2 %，リサイクル率は 15.9 % であった．リサイクル率 15.9 % ＝ (直接資源化量 232 万 t + 中間処理後再生利用 350 万 t + 集団回収量 281 万 t)/(ごみ処理総量 5,145 万 t + 集団回収量 281 万 t) ＝ 863 万 t/5,426 万 t × 100 (%) と計算される．

古くから再資源化が進んでいる材料に，紙，ガラスびん，アルミ缶，鉄くずがある．1992/3 年当時すでに 50 % 程度であったこれらのリサイクル率は，最近では 80 % を超えている．他方，リサイクル法によって回収が始まったペットボトルの回収率は，2003 年の 1 % 以下から，2004 年は約 50 % に急増した．なお，回収率と再生利用率は異なるので注意を要する．また，再生

利用には元に戻す場合と，そうではないカスケードリサイクル（後述）とがある．同様に，家電再商品化率（引き取り家電処理重量のうち，何らかの形で再商品化された重量の割合）は，最小の冷蔵庫が63％，最大のエアコンが81％である．ただし，家電の再利用率・回収率は，生産量に比較するとかなり低い値である．建設廃棄物，食品廃棄物，自動車，自転車，パソコンとその周辺機器，電池の廃棄物の再利用も進められつつある．活性汚泥法による下水処理で発生する大量の下水汚泥の再利用は今後の課題である．

これらの再資源化技術には，後述するように，物質・エネルギー収支と環境への影響を考えると，問題があるものも少なからずある．現在は，再資源化により循環型社会を形成しようとするあまり，3Rにおける優先順位が最下位であるにもかかわらず，リサイクルを強引に推し進めている傾向があるが，試行の結果をみて，方針・計画を見直す時期がまもなく来るものと思われる．

20世紀の化学技術の典型的な成果であるプラスチックを例に，生産，廃棄，再資源化の様子を具体的にみてみよう．プラスチックの生産量は，2005年に1,451万tで，その生産，廃棄，再資源化の流れは，図10.5に示した通りである．生産量は2000年の1,500万tに比べると総量が微減し熱回収を含めた再利用の割合が増加している．内訳は脚注[†]参照．

10.4.3 再資源化技術とその評価

1）再資源化技術

再資源化には，リユースとリサイクルがある．リサイクル（再生利用）は，通常，マテリアルリサイクル（材料リサイクル）とケミカルリサイクル（原料

[†] 日本で製造されるプラスチックの内訳は，ポリエチレン23％，ポリプロピレン19％，ポリ塩化ビニル16％，スチレン系14％，その他の熱可塑性樹脂17％，熱硬化性樹脂12％である．用途は，容器包装が42％，建材15％，電気・機械14％，家庭用品他13％，輸送10％となっている．

```
プラスチック          （この年に使用済となった製品）
生産量      国 内    使用済製品              一 般
1,451万t    消費量   排出量                  廃棄物
           1,159万t  914万t                  520万t
           輸出入差他
           319万t                   廃プラスチック
           加工ロス量               総排出量
           69万t                    1,006万t
リサイクル                          （100％）
樹脂投入量
96万t                                        産 業
                                             廃棄物
                    生産・加工                486万t
生産ロス量          ロス排出量
23万t               92万t
```

材料リサイクル 185万t (18％)

原料リサイクル 29万t (3％)

サーマルリサイクル 414万t (42％)

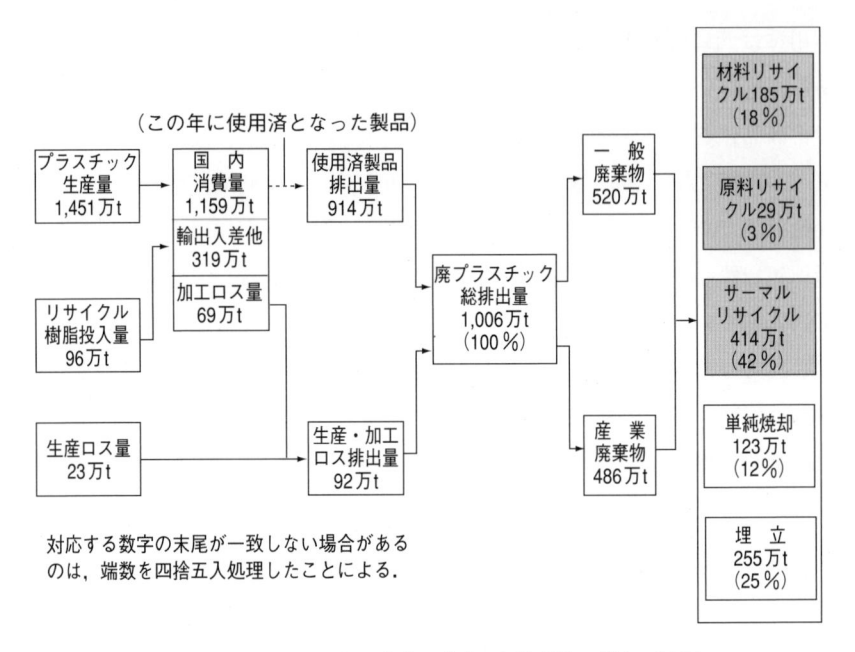

単純焼却 123万t (12％)

埋立 255万t (25％)

対応する数字の末尾が一致しない場合があるのは，端数を四捨五入処理したことによる．

図 10.5　プラスチックの生産，廃棄，再資源化の流れ (2005)
((社) プラスチック処理促進協会の資料を元に作図)

リサイクル）であるが，熱回収をサーマルリサイクルといってリサイクルに含めることもある（図 10.7 参照）．

　3R の最初の R であるリデュース（発生抑制）は，再資源化ではなく，消費を抑制して廃棄物量を低減することが本旨であり，過剰消費を避ける，長持ちさせる，修繕して使う，節約をするなどにより実現することが望ましい．耐久性が高く，修繕や部品交換による機能の更新が可能な製品が好ましく，そのような製品の開発は，今後に向けての重要な技術課題である．わが国の資源総消費量や総廃棄量の変化をみると，経済成長が停滞した影響もあり，一時わずかながら減少したが再び増加傾向にある．なお，後述する事業所内あるいは家庭内で再利用し外部へ排出しない場合をリデュースに含めることもある．

リユース（再使用）は，不要になったものを捨てずに，繰り返し使用することで，中古品リサイクルやリターナブル容器（ビールびんなど）がその例である．リサイクル（再生利用）の場合のような大量のエネルギー投入や環境負荷の増加がないので，リユースの優先度は3Rのなかでリデュースの次とされる．問題点は，繰り返し使用による品質劣化，有害物質による汚染，機能の陳腐化などである．また，リユースであっても，繰り返し使用に耐えるための材質強化，再使用前の洗浄，回収，輸送などが必要で，そのために資源，エネルギーが投入される．したがって，リユースにも検討すべき問題があり，その妥当性はケースバイケースに判断すべきである．具体的な評価例として，紙コップと再利用可能なリユースカップの環境負荷の比較を図10.6に示す．リユースカップは製造時のエネルギー消費量が大きいため，6〜7

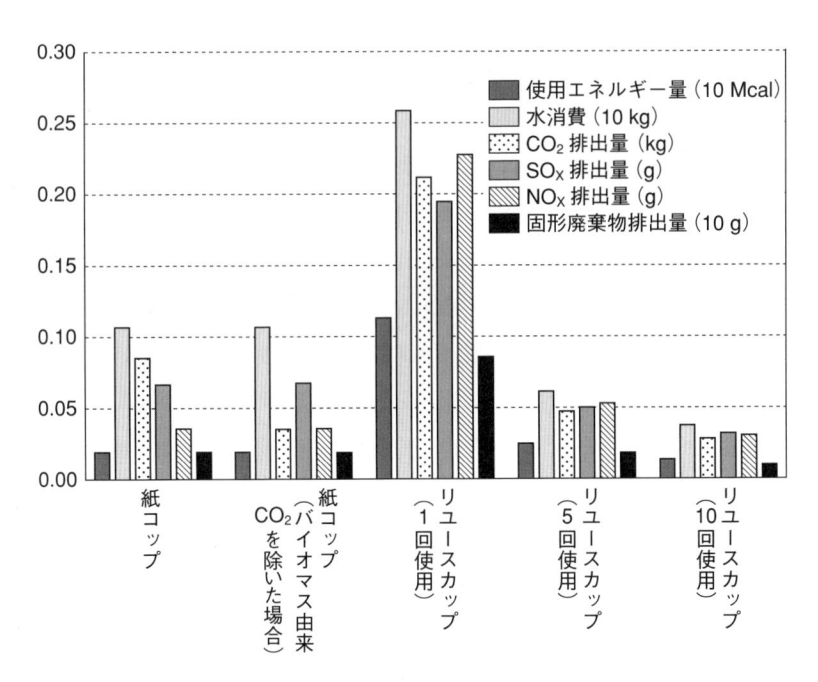

図10.6　紙コップとリユースカップの環境負荷の比較
（『循環型社会白書（平成17年版）』（環境省，2005）を元に作図）

回の再使用で初めて紙コップより環境負荷が小さくなる．CO_2排出量では4回（図には示していない），固形廃棄物排出量では5回の再使用で優位になるという結果になっている．これは，それだけの回数繰り返して使用しないとリユースのメリットがないことを意味する．ただし，事業所・家庭内でのリユースは，エネルギー，資源の投入が小さくメリットが大きいので，少ない回数のリユースであっても意味がある．

　リサイクルは，不要になったものをいったん原料の形に戻したうえで製品に再生して利用することをいう．不要品の材料をそのまま活かして製品にすることを「マテリアルリサイクル（材料リサイクル）」（プラスチックの場合は，破砕してチップにしてから再び成形），プラスチックのような高分子の場合，化学的に分解して低分子のモノマーに変えてから，再び化学反応で高分子にする場合を「ケミカルリサイクル（原料リサイクル）」という．化学的に油状の中分子（油化）へ転換してから再利用する方法もある．また，高炉（鉄鋼業）への還元剤としての投入もケミカルリサイクルに含められる．マテリアルリサイクルでは，繰り返し使用による材料品質の劣化が問題となる．そのため，高品質を要求しない用途（例えば，柵やフラワーポット）に次第に格下げしながら利用する方法があり，これをカスケード型リサイクルと呼んでいる．図10.7にプラスチックの三つのリサイクルをまとめて示す．油化したものは，さらに熱分解により化学原料とする場合（ケミカルリサイクル）と燃料とする場合（サーマルリサイクル）がある．

　熱回収（サーマルリサイクル）は，可燃性の廃棄物を焼却する際に発生する燃焼熱を有効利用する方法である．現在，ごみ焼却時の熱回収は，温水利用による焼却場の暖房・給湯が最も多い．このほか，温水プール，地域暖房，ごみ発電などがある．ごみ発電の発電効率は，ごみの重量当たりの発熱量が小さいので，通常の発電所の半分程度（10〜20％）になる．環境省によると，ごみ発電施設数は263か所，総発電量は約64 kWhで，日本の総発電量の0.6％になるという．発熱量を増加させるため，生ごみを乾燥，粉砕固形

10.4 再資源化技術

分類（日本）	リサイクルの手法		ヨーロッパでの呼び方
マテリアルリサイクル （材料リサイクル）	再生利用・原料化 ・製品化		Mechanical Recycle
ケミカルリサイクル （原料リサイクル）	原料・モノマー化		Feedstock Recycle
	高炉還元剤		
	コークス炉化学原料化		
	ガス化	化学原料化	
	油化	燃　料	
サーマルリサイクル （エネルギー回収）	セメントキルン ごみ発電 RDF *1　RPF *2		Energy Recovery

*1：Refuse Derived Fuel（生ごみや可燃ごみや廃プラスチックなどから作られる固形燃料）

*2：Refuse Paper & Plastic Fuel（古紙と廃プラスチック類を原料とした高カロリーの固形燃料）

図 10.7　プラスチックリサイクルの三つのタイプ
（(社) プラスチック処理促進協会の資料を元に作図）

化して RDF 燃料（refuse derived fuel）とする方法もあるが，経済性，安全性の点に難点があり普及していない．生ごみは，堆肥（コンポスト）化して肥料とすることもあるが，需要不足と経済性の点から，やはり広く普及するには至っていない．廃プラスチックの熱回収では，鉄鋼業における高炉への投入，セメント工業におけるセメントキルンへの投入が成功を収めており，相当量の実績があがっている．なお，セメント工業は，このほか，排出される高炉スラグの 40 %，石炭灰の 60 %，廃タイヤの 20 % を熱および資源として利用している．

2) リサイクルの基本式

図 10.8 のリサイクルのスキームに従い，社会資本としての蓄積増加や燃焼による逸散がない定常状態の場合を考えると，以下の基礎式が得られる．

年間の新資源投入量 M_i ＝ 年間廃棄量 M_o ＝ M，年間リサイクル量を R と

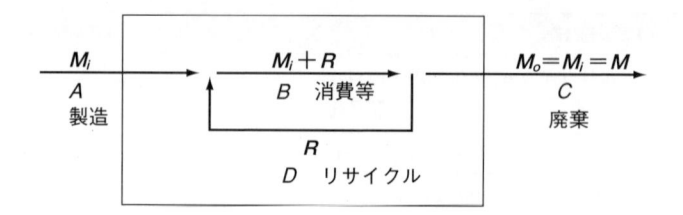

図10.8 リサイクルの基本的なスキーム

すると，年間消費量 $N = M + R$，社会存在量 Z（平均滞留年数とのかねあいで，一義的に決まらない）．このとき，資源循環利用率＝リサイクル率 $\gamma = R/(M + R)$，平均滞留年数 $\tau = Z/M$．A, B, C, D は，製造，消費等，廃棄，リサイクルの各過程で消費されるエネルギー量．$R = M \cdot \gamma/(1 - \gamma)$．

もし，製品に注目して，そのライフサイクルについて考えると，n 回リサイクルしてから最終処分をする場合，ライフサイクルエネルギーは1回の消費当たり $\{A + (n + 1)B + C + nD\}/(1 + n)$．無限回リサイクルすると，1回当たりの消費エネルギー $= (B + D)$ になる．

3）再資源化技術の評価と課題

リユースの評価例は，すでに図10.6に示した．この項ではリサイクル技術について考察する．リサイクルは，その過程で新たなエネルギー，資源を消費し，また，環境汚染物質も発生するので，通常は，ライフサイクルアセスメント（LCA）により評価される．エネルギー，資源のほかに人手もかかるので，経済性に問題がある場合が少なくない．人手は，家庭内作業を除き，コストにある程度反映される．

PETボトルのマテリアル，ケミカル（油化した後，化学原料とする），サーマルリサイクルは，図10.9のように表される．

図10.9に沿って，ペットボトル（PET）31.9 g（PPキャップ2.9 g，LDPEパッキン0.29 g，ポリスチレン（PS）ラベル1.29 g，塗料1.0 gを含む）のリサイクルについて，エネルギー消費量の観点から計算したLCA例が図10.

10.4 再資源化技術

```
原油 → ナフサ → PET樹脂 → ボトル → 消費 → 焼却 → 埋め立て
                                ↑      ↓
                              マテリアル
                              リサイクル
                         ケミカルリサイクル
                                              熱回収
                                           (サーマルリサイクル)
```

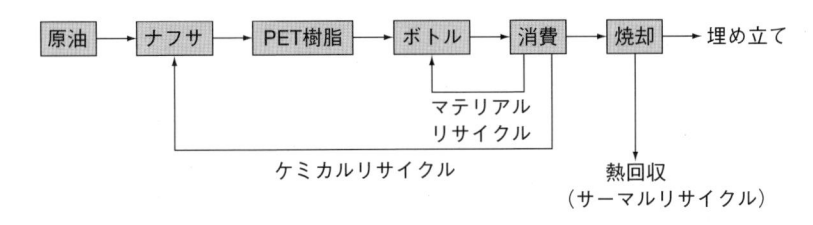

図10.9 PETボトルのリサイクルの流れ

10である．当然のことだが，熱回収が優位であり，ケミカルリサイクルは劣っている．ただし，熱回収について，回収した熱はすべて有効に利用されることを仮定しているが（すべて製造プロセスに利用するとして計算），これは現実には難しい．このほかに，プラスチックに関するLCAをみると，どの段階の環境負荷が大きいかがわかる．例えば，エネルギー消費が大きい段階は，輸送（何回もある），化学合成プロセス，廃棄後の収集，処理である．

金属材料は，金属精錬により金属地金を製造する段階で大きなエネルギーを消費する．したがって，すでに金属になっている金属系廃棄物はリサイクルに適している．また，熱回収ができないことからも原料リサイクルが選ばれる．しかし，金属製品は純金属ではないので，リサイクルする前に分別回収・分離し，純粋な金属にする必要があり，その段階でエネルギーを必要とする．また，再利用を繰り返すと微量不純物が次第に蓄積することもある．アルミ缶のリサイクルを評価する場合，アルミニウムの精錬に必要なエネルギーと缶を製造するエネルギーの比が97：3であるからといって，リサイクルによって97％のエネルギーが節約できるわけではない．アルミ缶のフタは合金の場合が多く，缶の内側にはプラスチックのコーティングが，外側にはラベルが印刷されている．当然，中間処理で分離する必要がある．その他，輸送もある．これらを考慮した消費エネルギーの節約は，97％ではなく50％程度に留まると試算されている．それでも節約量が大きいので，アルミニウムのリサイクルはエネルギー的にも経済的にも成り立っている．

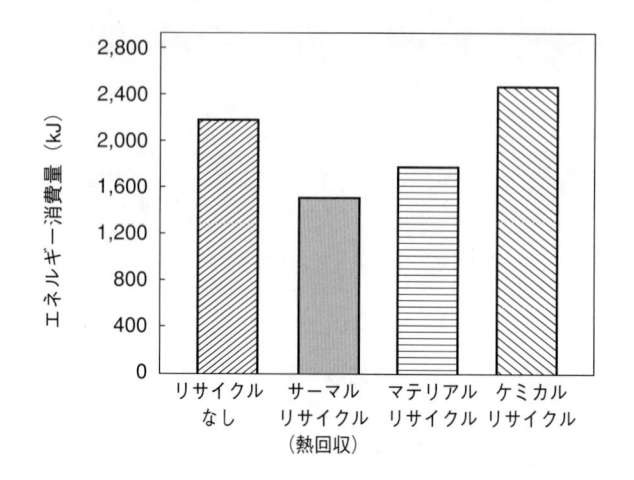

図 10.10 PET ボトルのリサイクルに関する LCA の試算結果
リサイクルなし, サーマルリサイクルは 1 回使用, マテリアルリサイクル, ケミカルリサイクルは 10 回使用 (9 回リサイクル). サーマルリサイクルでは, 回収した熱をすべて有効に利用するものと仮定.

　リサイクルの経済性は考えておかねばならない点である．あまりにコストがかかるようでは，いくら環境にやさしくても実用化するわけにいかないであろう．しかし，ごみ処理のコスト（経済性）は，データの取り方が統一されていないため比較が難しく，解析は十分にされていない．プラスチックのリサイクルでは，とりあえずは一般廃棄物の処理コスト約 50 円/kg から焼却コストを減じた値に，リサイクル業者に引き渡す際の逆有償 50〜100 円を加えたコストを，石油から新たに製造したプラスチックの価格 100〜200 円/kg と比べることになる．さらに，そのまま焼却して熱回収した際のコストとメリットとも比較せねばならない．現段階で，経済的にメリットがある使用済み廃プラスチックのリサイクル例はないといわれている（例外的に PET に経済性があるとの報告あり）．古紙リサイクルの経済性は，再生紙の値段のほうがやや高いことからわかるようにギリギリであろうが，すでに普及しているので成功例といえよう．ガラスびんもおそらく合格である．鉄,

アルミ，貴金属などの金属資源は，国による特別の補助がなくても再資源化率が95％に達していて，やはり成功例に入れることができる．

10.5 社会経済的対策

3Rのための取り組みを論じる場合，「循環型社会形成」を目的とした「リサイクル」に関するものが多く（**図10.11**），循環（リサイクル）は持続のための一手段であって目的ではないということが，十分に認識されているとは言いがたい．また，近年，3Rの中で上位のごみの減量化（reduce）を目的としたごみの有料化が始まっているが，その効果はまだ明確になっていない．ごみになる直前での減量化にとどまらず，より源流に近いところまで減量化が波及することが望まれるが，それには時間がかかりそうである．また，源流において大量生産を抑制する取り組みは，いまのところ，省エネルギーの努力などを除いてほとんどなされていない．

国際的にみた3R推進の状況を，『循環型社会白書（平成17年版）』をもとに紹介すると，

a）枠組み規制的手法：政策の基本的な枠組みと目標を設定する．EUの

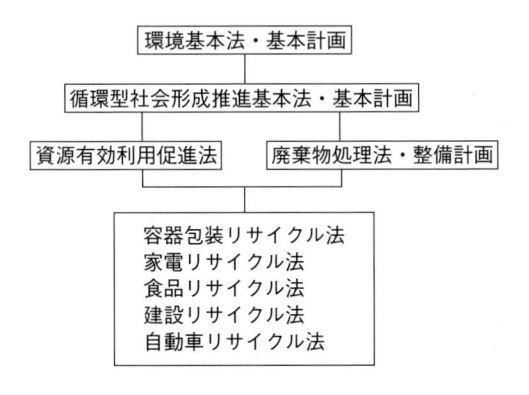

```
            環境基本法・基本計画
                   │
      循環型社会形成推進基本法・基本計画
           │                    │
   資源有効利用促進法      廃棄物処理法・整備計画
                   │
            容器包装リサイクル法
            家電リサイクル法
            食品リサイクル法
            建設リサイクル法
            自動車リサイクル法
```

図10.11 循環型社会形成のための施策体系

廃棄物枠組み指令，埋立指令，日本の循環型社会形成推進基本法・基本計画がその例である．

　b）直接規制的手法：ごみの引取り，再生利用の義務付けや有害物質を含む製品の直接的規制．EU の RoHS 指令（電気・電子製品への特定有害物質の使用禁止）や日本の 3R 配慮設計の一部義務付け．

　c）経済的手法：デポジット制などにより排出者にインセンティブを与える．エコラベル，リサイクルラベルの導入．

　d）自主的取組手法・情報的手法：業界，行政による自主的な協定による取り組み．グリーン購入が含まれる．

　e）その他：補助金，税制，融資等の環境配慮のための支援制度．環境教育プログラム．3R のための科学技術振興がある．

　ごみ排出の有料化はわが国でも進んでいるが，諸外国でもごみの減量化とごみ処理費用の確保のために自治体レベルで採用されている．家庭系ごみには有料指定袋方式（一袋 20〜50 円），事業系ごみには納入通知方式が主である．

　国境を越えた有害廃棄物の移動に関しては，バーゼル条約で規定されている．バーゼル条約に対応する国内法は，特定有害廃棄物等の輸出入等の規制に関する法律である．有害廃棄物は国内処理を原則とすべきであろう．

　日本は，金属，プラスチックのくず，スラグを年間 1,900 万 t 輸出し，織物くず，バイオ系かすなどを 300 万 t 輸入している（2004 年）．近年，プラスチックくずの輸出が香港，中国向けに急増し，2004 年には 70 万 t に達した．中には再生利用に適さない質の悪いものが輸出され，対抗措置がとられた例もあった．

廃棄物処理の今昔

　昔の廃棄物処理はどうだったのか，『循環型社会白書(平成13年度)』の記述から概観してみよう．

　四大文明からローマの時代にかけて，ごみは市内外の地表投棄，埋立て，あるいはし尿と共に大河に通じる下水へ投入するのが主であった．農耕地域では，し尿を肥料とすることもあったが，都市では汚物を2階からも街路へ捨てていた．ヨーロッパでも中世から近代にかけて下水道は徐々に建設されたものの，都市の廃棄物処理の状況は芳しくなく，都市の景観，衛生も悪く，悪臭に悩まされたという．この悪い環境が，ペスト流行の素地となったものと思われる．

　日本では，奈良，平安時代に掃部司(かもんのつかさ)という廃棄物担当の役職があったという．江戸期には，都市と農村の役割分担(都市から農村へし尿等が肥料として，農村からは農作物が都市へ)があったが，大都市の廃棄物が増大するにつれ，このメカニズムでは処理しきれなくなった．その対策には二つあったとされる．第一は，大事に使う，修繕して使う，未利用部分を活用する，廃棄品を再資源化するなどで，その結果，廃棄物の量が抑制された．当時は物資が乏しく貴重品であったため，そのためのさまざまな職業が成立した．第二は，廃棄物処理の制度を整えたこと．最初のごみ投棄場が1655年(徳川四代将軍家綱)に指定され，その後，江戸近郊に拡大していった．運搬には専門の職業と船があり，江戸期のごみ収集，運搬，処分はかなり整備されていた．

　江戸のシステムから学ぶべき点もあるが，このシステムは，消費するエネルギーや資源の量が現代より圧倒的に少ない時代に成立したものであり，現代にそのまま適用することはできない．江戸期のエネルギー源は，人力，家畜，薪炭であり，消費量は成長する樹木から獲得できるエネルギー量よりもはるかに小さかった．市当局が直接収集するようになった明治末期に，東京から排出されるごみの量は，一日一人当たり290 g(人口275万人)であったという(現在の東京は，ごみ1.1 kg，人口1,200万人)．

演習問題

[1] 日本人一人一日当たりのごみ排出量および石油消費量を，それぞれ総排出量，輸入量，人口から計算してみよ．

[2] 製品のリサイクルをする場合，1回のリサイクルで10%ずつ損耗して，90%がリサイクルされる場合には製品の一回当たりの消費エネルギーはどうなるか．

[3] 3R (p.179) のそれぞれについて，資源節約，環境汚染低減の観点から特徴と課題を簡単に説明せよ．また，排出するゴミに課金する場合と，想定される課金を製品価格に上乗せする場合で，効果にどんな違いが出るか考えよ．

第11章 持続可能で豊かな社会へ向けて

前章までに述べてきた地球，社会・経済，技術的条件を整理したうえで，将来，人類が豊かで持続可能な社会がたどるべき軌道に軟着陸するためのシナリオを考える．不確実性の高い中で未来を予測することは非常に難しい．他方，未来は自らつくるものだという面もある．試行錯誤をしながら，進むべき方向，注意すべき問題を正しく見定めて，ゆっくりと，しかし，パラダイムの大きな転換をしなければならない．

11.1 前提条件の確認

はじめに，いくつかの確認をしておこう．まず，ここで行う考察の目標は，資源，環境等の制約の中で，いかにして持続可能で快適な社会に到達できるのか，おおよそのシナリオを描くことである．以下に述べる前提，制約条件と見通しを表11.1にまとめておく．

本章の考察に大きな影響を与える要因は，
（1）人口の動向－いつごろ何人くらいで定常に近づくか．
（2）ライフスタイルの転換－それは可能か．
（3）南北問題－どんな速度でどこまで解決するか．
（4）地球温暖化－どれほどの緊急課題と考えるか．
（5）環境変化－どの程度まで許容するか．
（6）資源・エネルギーの供給－その見通し．

であろう．これらの要因について，それぞれ相当する箇所で述べたが，ポイントを以下に再整理しておく．これらを踏まえて，どれだけ本気で，どのよ

表11.1 前提・制約条件とその希望的な見通し

想定する時空軸 30〜50年先から21世紀末まで．日本を中心に世界も考慮．
社会経済的条件
　人口：最大の問題の一つ．約30年後に90億人で定常状態に近づく．
　ライフスタイル：当面，量的拡大・高速化は続くが，節約型の兆しがみえてくる．
　戦争：予測不能だが悪化しないと仮定．
　南北問題：格差の拡大が止まり，解決の兆しがみえる．
地球的制約条件
　エネルギー資源：需要は今後も増加するが，節約と効率化により需要に飽和の傾向が
　　　　　　　　　みえ始める．
　　　　　　　　　供給は，石油が21世紀半ばでピーク．他の化石資源と原子力を中
　　　　　　　　　心に，バイオ資源と自然エネルギーを補助的に利用して乗り切る．
　材料資源：化石，金属，非金属，在来型バイオ資源を中心に非在来型バイオ資源を補
　　　　　　助的に利用すれば大きな問題はない．ただし，希少な元素については争奪
　　　　　　戦がいったん加熱したのち次第に沈静化．代替材料とリサイクルの進展．
　食糧，水：社会経済の問題が主因である．
環境制約条件
　地球温暖化：ライフスタイルの節約型への転換，省エネルギー技術の向上により，徐々
　　　　　　　に鈍化．ある程度の対症療法的な対策により解決．
　オゾン層，酸性雨，森林：社会経済・技術的対策により解決可能．
　大気，水：同上
技術の見通し　（本文参照）

うな優先順位，どんな時間軸で，いかなる対策を立て実行するかがわれわれの課題である．

　仮に人間活動の量的な拡大を抑制しようとしても（先進国では，一部その傾向がみられるが），現実には，エネルギー多消費型の都市化が進み，ライフスタイルはあい変わらず情報や物資の高速・大量の輸送と消費を追い求めている．じつは，これをよしとする価値観，ライフスタイルこそが，現代の環境問題の根本にある．そして，身近な問題がグローバルな問題に直結していることはある程度わかっているのだが，どうつながっているかについて間違って理解し誤った行動をとっているのが現状ではないだろうか．その結果，大量消費社会化を亢進することになる．そのうえ，われわれの周辺における大都市，その近郊，地方都市，農漁村の変化をみても，その変化は加速しているように思える．それに伴って，人間の住環境も，自然環境，生態系，

11.1 前提条件の確認

あるいは水や物質の循環も変化せざるをえない．われわれは，どの程度の環境変化を許容しつつ，資源を獲得し廃棄していくべきなのであろうか．

まず，考える時間軸と空間軸の範囲を決めておく．

1）時間軸の範囲

21世紀末において，平均的な人々が，まずまずの充実感と安心感をもって生活を送ることができ，真面目に働けば一応の生活が保証され，そして子孫たちが，22世紀がより豊かになるであろうと期待をもてること，を目標として想定する．したがって，21世紀，特にその後半を見すえてそれに至る道すじを考えることになる．

2）空間軸（地域）の範囲

日本だけを考えるか，世界全体を考えるかで議論が変わる．ここでは，日本を中心に，必要に応じて世界も考慮する．貿易による物資の移動，汚染物質の移動に関しても，とりあえず日本の立場で考える．

3）その他の前提

石油の埋蔵量とその需給，あるいは国際政治などの先行きには，短・中期的に大きな不確実性がある．とはいえ，石油に関しては，一部の極論を別にしてだいたいの相場観があるので，それを前提にする．他方，国際政治・経済の不確実性は，実は大問題なのだが，本書では，それらに大きな変化はないと前提せざるをえない．

次に，技術革新に関してであるが，起死回生のホームランともいうべき大技術革新が出ることはとりあえず考えない．20世紀の華々しい科学と技術の進歩を振り返って，その再来を望む声が強いが，近い将来（20〜30年先）にそのような大革新が急に起こることは期待しない．じつは，20世紀の革新も相当の時間をかけてゆっくりと実現したものである．また，近年，進歩の速度は速くなったといわれるが，大規模技術に対する社会，環境からの制約条件も厳しくなっていて，急に大きな変化を受容することは難しいという現実がある．つまり，大イノベーションの幻想は抱かないことにする．

さらに，後でもふれるが，合理的な判断と試行結果の正しいフィードバックを基礎とした試行錯誤を繰り返しつつ進行することを前提とする．

11.2 地球的制約条件

この節では，地球規模での制約条件を確認し，若干の技術的課題をとりあげる．社会経済システムとライフスタイルの転換がおそらく不可欠であり，そのための技術が課題となろうが，これは，経済，政治，心理的要因に深く関わるのでここでは深入りしない．

11.2.1 エネルギー資源量

エネルギー需要は，今後も先進国・途上国ともに増加する．特に途上国での増加が顕著となる．中国の総消費量はすでに超大国である．ただし，人口当たりではまだ少ない（と主張している）．とはいえ，残存資源量に起因するエネルギーの供給危機は，政治・経済的要因のものは別にして，今後 10 〜 20 年は来ないと思われる．したがって，技術開発は各技術の登場時期，つまり時間軸を間違えずに着実に進めれば間に合うはずである．以下に，前章までに述べた一次エネルギーの状況をまとめておく．

化石系 在来型石油は 2030 〜 2050 年ごろに供給のピークを迎える可能性があるが，非在来型石油（超重質油，オイルサンド，オイルシェール），天然ガス，石炭を含めると，化石系資源が 21 世紀中に量的に大きな不足を生じることはないであろう．現在，石油の「価格」は，「コスト」に比べて著しく高い．将来，コストは次第に上昇するが，21 世紀中に現在の価格を大幅に超えることはないと思われる．価格は，需給関係および他のエネルギー源との競合関係で決まるので変動しやすい．コストが上昇すれば，在来型石油以外の化石資源の利用が今より普及する．

バイオ系 発展途上国における在来型バイオマス（薪，木炭，動物糞）の割

合は，経済発展と共に利便性の高いエネルギーへ転換するので，その割合は今後低下すると予想される．他方，バイオエタノール等の非在来型バイオ系燃料はゆっくりと増加する．欧米では，近い将来に限れば農業振興策もかねた政策により急速な増加が見込まれる．しかし，生産効率（経済性），環境影響（環境破壊と廃棄物処理），食糧との競合を考えると，その量は，21世紀中に化石燃料，原子力のレベルを超えることはありえない．現在，在来型バイオマスは全エネルギーの10％強を占めているが，非在来型バイオマスがその量を超えるほどに置き換わるための技術的なハードルはかなり高い．

原子力　おそらく21世紀の重要な一次エネルギー．したがって，安全性，経済性向上のための技術が喫緊の課題．急ブレーキと急発進を繰り返す開発の現状は好ましくない．長期ビジョンに立った適切な研究開発により，燃料サイクルシステム，高速増殖炉の実用化を今世紀半ばに実現することを期待したい．

自然エネルギー　大きな環境破壊を起こさない範囲で，エネルギー収支，物質収支，コストを考えながら，各自然エネルギーの特徴を活かして，適材適所で利用し，徐々に主力エネルギー源の一部を代替していけばよいであろう．水力は，現在，世界で一次エネルギーの2％を占めているが，水力以外の自然エネルギーが単独でこのレベルを超えることは難しいからである．

11.2.2　資源量（材料源）

採取した資源の10％しか活用されていないという推定があることから分かるように，利用効率の向上は共通した重要な課題である．

化石系　在来型石油を輸送用燃料と石油化学原料（有機系材料用）（これらを石油のノーブルユースということがある）に振り向け，単純な燃焼加熱用にはそれ以外の燃料（石炭，天然ガス等）を使用することが得策である．それに加えバイオ系材料の部分的な参入があれば，21世紀中に材料源，とくに機能性化学品原料として化石系資源が不足することはないものと思われる．

バイオ系　エタノールはすでにほとんどがバイオ系であり，発酵法で製造されている．石油化学を基盤とする物質・材料の生産システムをそのままバイオ系で代替しようとするのではなく，確立しているエタノールや繊維，木材，ゴムのように，バイオ系の特徴を活かした応用へと展開することが肝心である．そうすれば，材料資源としての石油の供給不足の心配はさらに小さくなる．セルロース系バイオ資源の活用が広がれば好影響が大きい．

金属系　多くの金属資源の可採年数は 50 年程度である．金属系材料は循環利用に適しているし，必要になれば可採量が増え可採年数は若干長くなる．現在進められているリサイクルや有効利用など前記の技術開発を推進することと，希少元素を豊富な元素種で置き換える努力により，おそらく資源の枯渇は避けられるであろう．

非金属鉱物系　建設材料に使われる砂利，砕石，石灰石，粘土などが多い．建築構造物の高品質・長寿命化と廃材の一定程度の再利用により，おそらく資源の枯渇は避けられよう．これからは，採取時，建設時に採掘され捨てられる土砂などのいわゆる「隠れた物質フロー」と，それらによる環境破壊が問題となる可能性がある．

食糧，水　食糧は，世界にとっては供給総量の不足よりむしろ地域的な大きな偏りが問題で，日本にとっては，自給率の向上と輸入の確保による食糧安全保障が将来の課題である．ただし，日本では大量に食糧を廃棄している現状のほうが問題．世界，日本とも，21 世紀後半には大きな食糧問題が起こる可能性が高く，対策が必要である．

水資源は，世界的にみると，衛生，食糧に関連して問題が深刻化しそうである．日本は，比較的潤沢なので慎重に利用すれば量的に大きな問題にはならないであろう．

11.2.3　環境変化

第 4 章にあげた諸問題に対し，それぞれに時間軸と効果を考慮して対策を

進めることになる.

地球温暖化 主因とされる二酸化炭素は,人間活動に不可欠な大量のエネルギー消費に伴うものであること,当分,主なエネルギー源は化石燃料であることを考えると,その量を削減することは容易ではない.この問題は,人間活動総体のあり方に関わり,その影響の予測次第で未来シナリオはすっかり変わる.二酸化炭素の濃度を抑制するためにバイオマスへの急激な原料転換が考えられることがあるが,無理にそうすると副作用が大きくなり,おそらく二酸化炭素排出量の有効な低減にはならない.

エネルギーの効率的利用・省エネルギーの問題と二酸化炭素排出抑制の問題は,時間軸を分けて対策すべきである.前者のほうが早い時期に問題となる.二酸化炭素問題は(京都議定書対応という政治的問題を別にすれば),前者ほどに逼迫した問題ではないと思われる.自動車燃費,発電・熱利用・照明効率や節約など利用効率と省エネルギーの漸進的な向上に加え,エネルギー源,社会システム(ライフスタイルと人口)のゆっくりした転換をすれ

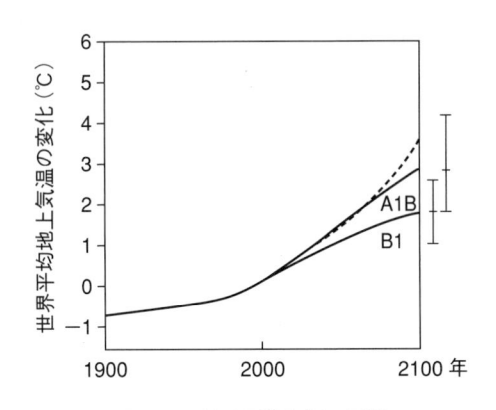

図 11.1 地球平均気温の予測
6 種の未来シナリオのうち,世界人口が 21 世紀半ばにピークに達したあと漸減する場合. A1B はエネルギー源のバランスを重視した場合,B1 は脱物質化が進む場合. 右側のバーは A1B, B1 における予測幅,破線は地域の独自性が強く人口増が続く場合. (IPCC 第 4 次報告,2007 より作図)

ば間に合うであろう．温室効果の大きい CFC 等を大幅に低減しつつあることは，この問題の解決に相当貢献しているはずである．なお，エネルギーの節約は，間違いなく資源節約の効果があるので大いに推進すべきである．

オゾン層破壊 国際的な規制，技術的対策により，解決しつつある．

酸性雨 先進国ではおおむね解決した．途上国も対策すれば解決可能．

森林破壊，熱帯雨林消失，土地劣化 いずれも要注意であるが，おそらく対策可能．森林破壊，土地劣化は，過放牧，過農業等の人間活動と自然による破壊が主因なので，むしろ社会経済上の対策が重要である．また森林については，熱帯雨林を含め，商業的食糧生産やバイオ燃料生産による減耗や変化が進むと思われる．変化が適切な程度におさまるよう監視が必要であろう．

大気・水質の汚染，化学物質 全体としては低減しつつある．現在進行中のモニタリング，リスク評価，規制，技術開発の推進が必要であるが，それらによりおそらく対応できるであろう．ただし，途上国では大幅な対策の強化およびそのための援助が必要．

11.3　技術的制約条件と化学技術の課題

　一発逆転ホームランの技術革新ではなく，基本的な評価規準を満たし，かつ実現の見込める技術の範囲で考える．拡散して希薄な資源やエネルギーを集めるには大きなエネルギーを要するので慎重に評価する．例えば，海水中のウランや太陽エネルギーの総量は膨大であるが，集めることが非常に難しくコストも高くなる．生活廃棄物も同様である．また，これらのための技術は環境に与える影響が大きくなりがちであり，環境影響とのトレードオフ関係を十分に考慮しておく必要がある．太陽エネルギーは自然の循環に大量に利用されていること，また，バイオ資源は，太陽エネルギーのごく一部を利用した光合成の果実であるが，すでに人類が相当量を利用していることに留意しなければならない．

今後の技術においては，（1）資源生産性，エネルギー生産性に加え，（2）安全性と環境影響が重要な指標となる．しかし，技術の社会に対する影響が大きくなり，かつ，広く浸透しているので，安全で環境に調和した技術の開発は難度が高くなりつつある．

1）エネルギー化学技術

　在来型石油の探鉱から消費に至る過程のいっそうの効率化を図ることは，21世紀前半に優先的に開発・普及すべき技術課題である．化学技術については，石油製品構成の最適化とそれを機動的に実現できる石油精製技術（重質油の軽質化，ガソリンの高オクタン価化など．図8.2（p. 135）参照）には実現可能で重要な技術課題が多い．同様に，環境に配慮した石炭の燃焼技術や，非在来型石油，石炭，天然ガスの効率的な液体燃料化技術は中・長期的な，在来型石油の有効利用は直近の技術課題である．バイオ系資源については本項の4）を参照されたい．

2）原子力に関する化学技術

　安全性，経済性の向上，高速増殖炉の実用化に貢献する化学技術が期待される．特に材料技術と燃料サイクル技術において寄与できる．

3）自然エネルギー

　各自然エネルギーの特徴を活かした技術を着実に開発し，主力エネルギー源（化石エネルギー，原子力）の一部を徐々に代替していけばよいであろう．超長期的にみると，太陽エネルギー利用に技術革新を期待したい．

4）バイオマス

　エネルギーあるいは材料源としてバイオマスが普及するには，効率の良いバイオマス収集システムが必要．バイオマス転換プロセスでは必然的に大量の副生物が発生するので，その利活用技術も不可欠である．石油の場合，10％強を材料として，80％以上を燃料として有効利用している．バイオ系材料は，繰り返し述べたように，原料の特徴を活かした応用への展開と大半を占める副生物の活用をはかることが望まれる．

バイオマスの液体燃料化・化学原料化技術および廃棄物利用・処理技術は，21世紀後半に実現させたい長期的な技術課題であるが，食糧との競合，環境調和（自然保全，廃棄物処理）を考えると普及には限度があろう．この中で，木材，農業廃棄物中のセルロース系バイオマスの化学的活用は難度が高いが利点が大きく，また，資源利用の競合も少なく，中・長期の重要な技術課題にあげられる．

5）エネルギー利用システム

電気関連の例では，照明，加熱，送電など個別技術の改善だけでは不十分であり，全体のエネルギーシステムの改革が重要課題である．同様に，輸送分野でも，自動車の燃費向上だけでなく，社会全体の交通輸送システムの改善が大きな課題．このように，個別技術の改良だけでなく，社会システムの改善（都市，交通のエネルギー効率の向上，分散型システムの配備など）により，民生，輸送部門において大幅な省エネルギーが可能なはずで，エネルギー問題解決の重要な柱となろう．この場合，繰り返しになるが，効率だけでなく総量の抑制が不可欠である．

6）化石系材料

在来型石油は利便性が高く，主としてノーブルユースへと振り向けられ，価格も上昇すると予測される．しかし，高機能性製品などの付加価値の高い製品群へと展開することにより，石油価格の影響を避けて競争力をもって拡大することが可能である．市場のニーズに対応した研究開発重視型（知識集約型）製品が主流の産業になる．

7）金属系材料

一般的に，循環利用に適している．循環による純度の低下，有害不純物の蓄積を抑えた効率の良い循環利用技術が課題である．製品設計は再利用を配慮したものへと移行すべき．節約型利用技術の開発，普及も課題であろう．

8）食糧，水

食糧に関する世界的な技術的対策は，品種改良，灌漑，農薬の改良による

食糧増産とともに遺伝子組換え作物も対象になろう．その際，エネルギー多消費型になることを避け，環境と共生する安全性の高い化学的・生物的技術が求められる．他方，日本は，食品の有効利用と節約をしたうえで，食糧自給率のある程度の改善と食糧輸入の確保がなされれば，人口も減少傾向にあるので大問題とはならないと思われる．ただし，輸入確保のためには，輸出国への環境調和型技術の供与や協力が必要であろう．以上の量的な問題に加えて，残留農薬の安全性などの質的な課題もあるが，これらは，化学技術，管理体制により解決可能なはずである．

水供給量については，貯水，灌漑，節水等，水利用の改善が，また，水の安全については，排水管理，衛生設備の普及，簡易浄水技術が求められる．

11.4 社会経済的条件

日本を含む先進国が，資源・環境制約のなかで経済成長を続ける道はあるのだろうか．あるいは，経済成長率ゼロで持続可能な社会が成立するのだろうか．量的拡大から質的向上への転換がある程度はかられているが，昨今の経済情勢をみると，量的な拡大がある程度ない限り，生活の豊かさ，国際競争力の確保は難しいようにみえる．

発展途上国のうち BRICs（ブラジル，ロシア，インド，中国）では，資源，環境制約が徐々に意識され始めているものの，量的な経済成長が優先されている．他の後発の途上国にとっては，食糧，水，医療など最低限の生活の確保が先決問題である．

1) 人口

将来の環境，資源供給その他を大きく左右するファクターは人口であり，21世紀最大の課題といっていいほどであるが，十分な対策がとられていない．人口予測は，第3章の表 3.8 (p.39) のように，2030年に 80〜85億人になると推定されている．その後の推移は予想が難しいが，おそらく，各種の

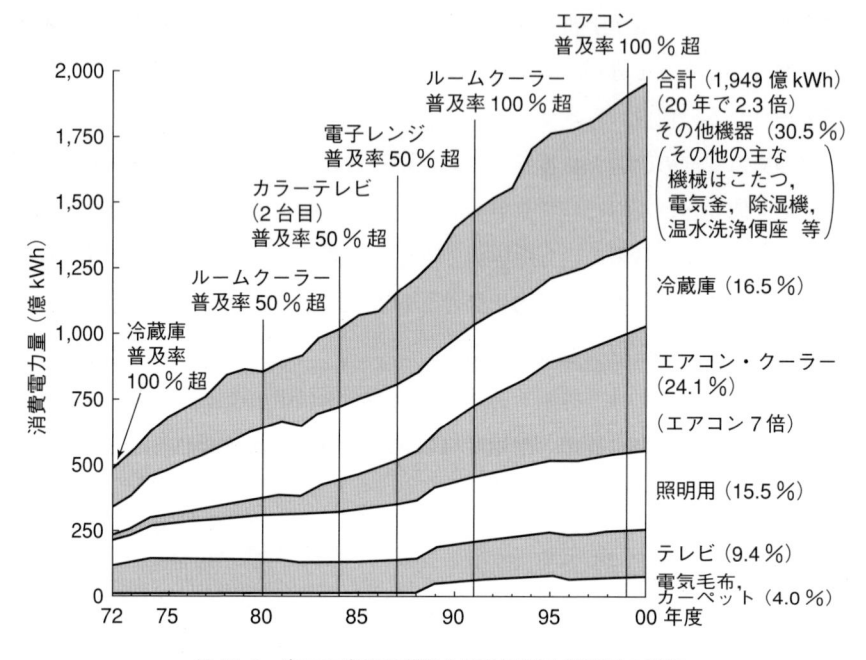

208　　　　　　第11章　持続可能で豊かな社会へ向けて

図11.2　省エネ家電の普及と家庭の電力消費量の増加
(資源エネルギー庁資料(2002)より改変)

努力が実って90〜100億人で定常的になるのではないかと期待される．なお，日本は特異的に大きな減少が予測されている．

2) ライフスタイル

エネルギー，資源の節約を望む市民は多いが，その消費行動は多消費型であることが多い．図11.2にあるように，日本の家庭電化製品のエネルギー効率が改善しても，家庭の消費電力は過去20年で2.3倍になっている．その後，2000年代に増加は抑制されたが，景気の回復と共に再び増える可能性がある．同様に，電子化が進んだが紙の消費量は2倍に増加した．とはいえ，一人当たりのごみ排出量はほぼ一定になり，廃棄物総量は若干の減少傾向にある．このように一部に良い兆しがないわけではないが，とても十分とはい

えまい．

3）戦　争

内戦やテロを含め戦争行為は，社会にとっても，市民にとっても，平和時の各種リスクをはるかに超える多くの殺戮，破壊をもたらすが，本書の範囲を超える．

4）安全と安心

すでに述べたが，科学技術の成果によって，生活の利便性が向上すると同時に，それらに関わる各種のリスクは，頻度も程度も増加する．したがって，安全に対する社会の要求が厳しくなる．21世紀の技術開発においては，20世紀に不十分であった安全への配慮が格段に重要になり，安全を判断するための科学・技術の重要性が次第に増していく．化学製品のみならず，機械，電気，建設の技術開発において，「利便性」と「安全性」を車の両輪として社会の理解を得ながら進めることになる．

5）交通，通信

サービス業，民生部門を含めると，これらの分野が国民総生産，エネルギー，資源消費において占める割合は非常に大きい．市民一人ひとりにエネルギー・資源の消費と，利便性と，個人の嗜好・欲望とのバランスを適切に判断することが求められる．その判断の際に必要となる信頼できる情報や規準をわかりやすく提示することが必要である．それは科学者・技術者の責務であり，そのための科学・技術を早急に充実すべきであろう．

11.5　環境問題に関するさまざまな視点

化学環境学は化学の立場からみた環境学で，環境を含む社会をいかに快適に持続させるかを，化学技術を中心にすえて考える．他の科学技術分野を中心にした環境学も当然あって，化学環境学とも深く関わる．さらに，環境の問題を理解し解決するためには，人文・社会系の科学技術も必要であるし，

さらにいえば，社会，経済，政治自体が適切に変革されねば環境の問題は解決しない．人文・社会科学系の環境学を扱うことは本書の範囲を超えるが，いくつかの環境学を簡単に紹介しておく．詳しくは巻末の文献を参照されたい．

1) 環境倫理学

多くの個人が集まって社会を形成しているが，各個人はそれぞれに，個人のあり方，社会のあり方について，希望や利害関係があり，それらは多くの場合一致しない．このとき，個人と社会の価値観にどう折り合いをつけて社会の規範として採用すべきか，を考えるのが倫理学である．加藤 (1991) によれば，地球規模での環境破壊が問題になり始めた 1970 年代，米国を中心にエコロジー運動の哲学的・倫理的基礎の解明をめざして生まれた思想が環境倫理学であり，自然の生存権（自然自体に権利を認める立場），世代間倫理（後続する世代に対する責任），地球全体主義（地球全体の問題を優先させる考え方），保全と保存（第 4 章コラム「環境保全と環境保存」(p.59) 参照），持続可能性の意味，自然保護と生物多様性（生物の多様性がなぜ必要か），リスクの科学と決定の倫理（それらのあり方やトレードオフ関係の調整），などが主題として例示される．対策技術あるいは政策の選択を市民の討論に任せるセンサス会議という方法があるが，その意味を考察することや，南北問題の対策に優先順位をどうつけるかを考えることも対象になろう．

2) 環境経済学

環境問題は人間の経済的活動の結果として起こった．したがって，環境と経済は対立する場合が多い．しかし，これは従来の経済活動の結果であり，持続可能で豊かな社会を築くためには（それが可能であるとすれば），経済活動のメカニズムを理解して，経済と環境が両立する道を探さねばならない．また，それを実現する有効な経済的手段が必要であるに違いない．植田 (1998) によると，環境問題の解決のために，環境と経済の間で生じる諸問題を分析し，社会の意識や仕組みを変革するための自然と人間の共生への新た

なルール作りをめざすのが，環境経済学である．そして，その課題として，廃棄物とリサイクルの経済学，地球温暖化をめぐる政治と経済，世界経済と環境問題，地域アメニティと地域経済，さらに，環境制御への戦略，豊かさモデルと開発モデルを取り上げている．環境の経済的価値をいかに定量するかも環境経済学の課題である．

環境経済学の前身にピグー (Pigou, 1920) の外部不経済論がある．経済活動が市場での取引きからはみ出して他に及ぼす効果のうち，その効果が他者にとって望ましくない場合を外部不経済という．産業活動による環境汚染がその例である．外部不経済の存在が，公共政策が市場に介入する根拠となった．

3) 環境社会学

飯島 (1995) によると，人間をとりまく自然的・物理的・化学的環境と，人間集団や人間社会の諸々の相互関係を実証的に追究する環境学が環境社会学である．従来の社会学は，人間の社会的行為や人間の結合関係を対象とするが，環境社会学では，社会的行為が自然的・物理的・化学的環境を含む環境に及ぼす影響と，その環境変化が人間社会に及ぼす影響をも対象とする．工業化，近代化，都市化と大気・水汚染などの環境問題の歴史や，環境運動の変遷が実証的に検討される．

4) 環境政治学

環境問題を総合的に分析する枠組みとして，環境政治学から「制度・参画者分析」という方法が提唱されている．ここで制度とは，国際条約，国内法などの法規制と規範・習慣を含む枠組みで，認識情報条件（メディア，価値観など），政治的・制度的条件，経済技術的条件などを包含する．また，参画者とは，各種政府機関，環境関連企業，マスメディア，住民などで，枠組みの中で参画者がそれぞれ戦略，意思，技量をもって状況に対応する．両者の相互作用とダイナミックスに注目して環境問題を分析するのが，「制度・参画者分析」である．

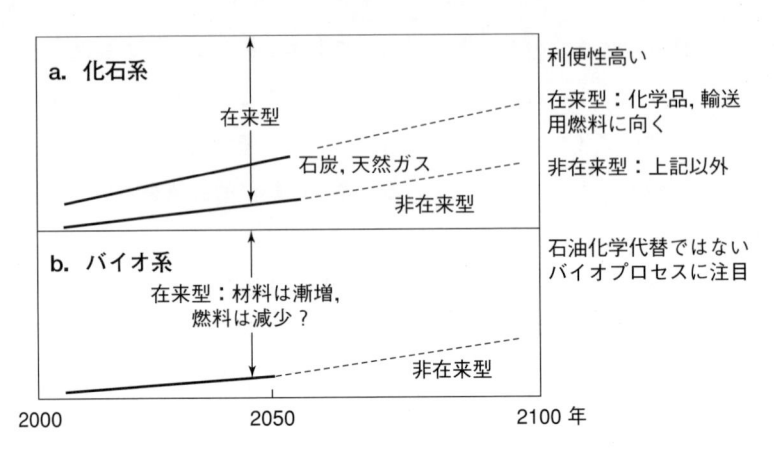

図 11.3 有機系材料の将来の姿（原料の構成比；暫定予測）(2000-2050-2100)

11.6 未来へ向けて

11.6.1 エネルギー・材料資源の行方を考察するための前提と規準

まず，資源，エネルギー化学技術を中心に，そのあるべき将来を考察する場合に必須となる前提と規準は，地球システム（エネルギー収支，循環，持続）の理解，時間軸と空間軸におけるポジショニング，部分と全体の定量的把握，プロセスのエネルギー・物質収支，コストの定量，安全と環境への配慮，トレードオフとケースバイケースの認識などである（あとがきでも触れる）．

これらのことを考慮しつつ，あえて大胆に将来予測をすると，図 11.3a と b のようになろう．

11.6.2 環境問題の行方

上述のように，大気，水，土地の汚染等の環境悪化に関する多くの問題は，努力を積み重ねることにより確実に解決されるものと期待される．ちなみに安井は，図 11.4 の予想をしている．

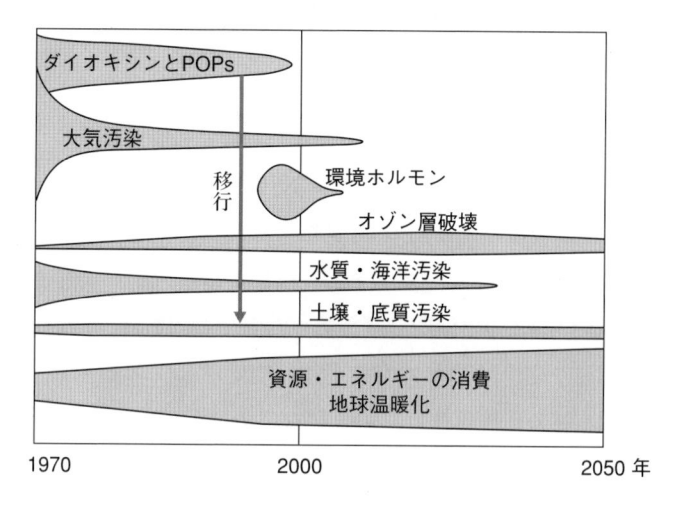

図11.4 日本における環境問題の推移（ごみの最終処分問題を除く）
(安井 至 講演資料より改変)

11.6.3 ライフスタイルの転換

　エネルギーや資源の消費が大きくなくても，豊かに思えるライフスタイルとは，どのようなライフスタイルなのだろうか．おそらく，その実現には，新しい価値観に基づく新しい豊かさ，幸福の定義が必要であろうと思われる．どのような方法でそのように変えていくかも問題である．技術の立場からは，環境負荷低減，効率向上，新資源の活用などによる貢献が可能であるが，これだけで解決することはできまい．

　消費を格段に抑制することが必要に違いない．といって，消費を大幅に削減して昔の生活に戻ることはできない．江戸時代の資源循環性，自給自足性の高いライフスタイルへの憧憬を語る人もいるが，浪費を伴うとはいえ，快適で便利で，衛生的な現代の生活をやめて，江戸時代のような，情報や物資の量が少なく移動も遅く平均寿命が40歳以下の社会に戻ることはとてもできないであろう．

　だからといって，どんなに技術革新があっても資源エネルギー多消費型社

会を拡大し続けられるとは思えない．技術革新の多くが資源エネルギーの消費総量を増大している現状を考えると，いっそうその感が強くなる．市民の多くは (少なくとも先進国では)，エネルギー・資源の制約を気にし，環境の悪化を危惧している．そして，そのために行動したいと思っている．ところが，市民は，日常の多くの場面で20世紀型大量生産・消費型の行動をとる (図11.2参照)．製造業やサービス業も，当然とはいえそれに迎合した行動をとることが多い．この悪循環を断ち切って (江戸時代に戻るのではなく)，生活水準を向上させつつ環境クズネッツ曲線のUターンを実現しなければならない．ある種の環境負荷は，法規制や環境技術によりUターンを実現しているが，二酸化炭素などについては難しく，おそらく増加の速度を抑制するのが精一杯であろう (ここでもバイオ燃料に過大な期待を寄せることはできない)．

したがって，クズネッツ曲線の横軸に生活水準をとるとしても，その質的な内容を変えねばならない．そのためには，市民，行政，産業，技術等の共同作業が必要である．一つの方法は，環境負荷量を消費者にわかりやすく伝達してオープンに議論し，曖昧さが残るとはいえ共通の認識に至ることである (わかりやすい環境負荷の明示)．それをもとに，市民一人ひとりが幸福感と環境負荷のバランスを適切にとって消費者として行動を選択する．消費者の行動は，生産，流通システムを転換させるうえで，よかれあしかれ非常に強力である．その役割を担うのは，市民一人ひとりであり，市民の声に耳を傾けつつそれを助けるのは科学者・技術者の責任であろう．本当に切迫したら耐乏生活も受け入れるのであろうが，そうなる前に行動を起こしたいものである．節約や我慢に優先順位をつけて実行を始めたらどうであろうか．もう一つの大事な科学者・技術者の責務は当然，新しい持続型社会にふさわしい資源エネルギー消費の総量を低減するような，節約型で環境負荷総量の小さい技術を開拓することである．

11.6.4 化学プロセス，化学製品のあり方

リスクを低減するにはコストも資源も必要である．コスト・資源消費に対するパフォーマンスの高い対策を考えねばならない．そのためには，リスク，環境負荷を総合的に考え，優先順位をつけて対策することが必要である．ところが，総合的評価とは云うは易く，実行は条件付きでしかできない．蒲生・中西ら (1995) の行った評価によると，損失余命で表した"化学物質"のリスクのランキングは，

喫煙（数年以上）＞受動喫煙（370日）＞ディーゼル粒子（14日）＞ラドン（10日）＞ホルムアルデヒド（4.1日）＞ダイオキシン類（1.3日）＞カドミウム（0.9日）＞ヒ素（0.6日）＞トルエン（0.3日）＞クロルピリホス（処理家屋）（0.3日）＞ベンゼン（0.2日）＞メチル水銀（0.1日）＞DDT類（0.02日）（カッコ内は平均余命の損失）　となる．

この結果は，対策を立てるうえで参考になるが，対策を実現するにはいずれも多大の努力を必要とする．したがって，化学製品，化学プロセスの開発前に，環境負荷やリスクが最小限になるよう設計するという第9章で述べた

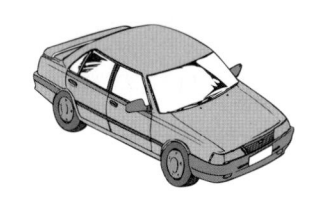

図11.5　日常生活と化学製品

グリーンケミストリーが新しい時代にふさわしい重要な方向である．

化学製品のリスクについては，製品を使用する消費者の立場に立って，安全，安心を考えると，新たな発想が生まれるのではないだろうか．図11.5にまとめたように，生活の中にある化学製品は多彩で，いろいろな面で生活を豊かにしている．それらの化学製品の一つ一つについて，持続的で豊かな社会にふさわしい改良，代替の対策があるはずである．

11.6.5 結言

いま，科学技術に寄せられる社会の期待は大きく，その果たすべき役割は将来にわたって大きい．化学技術も同様である．しかし，事象が複雑に入り組んで因果関係が不確実な中で，いかに定量的，多面的，総合的な評価と判断をして適切な技術の開発を進めるかは非常に難しい．とはいえ，不確実性や複雑さを口実に情緒的な議論をしたり，結論を回避したりして，あとで後悔することは避けたい．事実，因果関係を十分考え，上記の判断規準（あとがきも参照）に照らして可能な限りの合理的判断をしたうえで実行に移し，試行錯誤の結果をフィードバックして，柔軟かつ機動的に修正しながら進んでいくべきである．そうすれば，資源，食糧，環境，安全等が大問題となっている現在，化学技術は，それらの解決に貢献する技術として，社会の信頼を得て，大切な役割を果たせることになるであろう．

ここで，科学者，技術者の役割は，1) 技術の進歩への貢献と，2) 判断（評価）規準と判断の提示にある．当然，科学者，技術者の間でも意見が分かれ，判断しかねることも多いが，オープンな論議と試行結果への適切な対応を心がければ，おそらく良い結果につながるであろう．

いずれにせよ，量的拡大ではなく質的改善をよしとするライフスタイルや価値観への転換がなければ，持続的で安定した軌道に軟着陸することはできないのではないのだろうか．

あ と が き

　資源，環境，健康，安全の問題を解決して持続可能な社会を実現することは現代人の課題であり，そのために貢献することが科学技術の使命である．その中で，化学技術の果たす役割は大きく，化学技術にはそれを果たすだけの潜在的な力がある．しかし，その役割を有効に果たすためには，環境，安全等の問題を正しく認識して，課題を見誤らないことが大事である．
　本文中にも簡単にふれたが，改めて健全な技術開発を選択するための前提と規準をあげておく．

1）地球システムの熱力学
　孤立系のエントロピーは増加するという熱力学の法則が変化の方向を規定する．地球がおおむね秩序を保っているのは，太陽から質の高いエネルギーを得て劣化したエネルギーを宇宙に放出する，ほぼ定常状態にある非孤立系だからである．地球には同様の多くのサブシステムがある．人間が食糧等を摂取し排泄しながら定常状態を維持しているのもその一つである．

2）循環，持続，定常
　持続とは不変のことではない．地球も人間社会も長い間に大きな変化をした．問題とすべきは，どう変えるのがよいかであり，目的は，《快適な生活》の持続であり，循環はそのための一手段である．自然に存在する多くの循環は太陽エネルギーが駆動力だが，循環型社会でいう廃棄物の強制循環は，当分の間，化石エネルギーに頼らざるをえないので，そのための技術はエネルギー収支，物質収支を十分に考慮したうえで評価をしなければならない．

3）時間軸と空間軸

未来の技術のあり方を考察する場合，いつごろのことを考えるのか（時間軸）を明確に規定しないと議論がかみ合わない．各種リスクの「大きさと緊急度」の判断（＝リスクシナリオ）は，技術開発の「優先順位と時間軸」（＝ロードマップ）を決めるうえで欠かせない．

地域格差は空間軸に関わる例で，地球規模の南北問題は大問題である．生活水準向上と環境負荷増加を分離できるか否かを問う"環境クズネッツ曲線"が課題であり，その実現には，横軸の見直しを含め先進国と途上国の共同作業が欠かせない．

4）部分と全体－総合的評価の必要性

部分と全体には，「全ライフサイクルを考えるとどうなるか」という意味と「全体に占める割合がどの程度か」という意味の二つがある．考えるべき対象が複雑なうえに不確実性が大きいので，都合のいいことだけを選んで評価をするとどんな結論でも出てしまう．このような状況の中でご都合主義を排除して妥当な判断をするには，定量的な LCA（ライフサイクルアセスメント）に頼らざるをえない．ところが，LCA もデータや条件の選び方で結論が変わってしまう．実データに基づいた信頼性の高い LCA を実施せねばならない（第 5 章参照）．とくに，新エネルギーの全体に対する寄与（量，時期）を見誤らぬことが大事．

5）エネルギー・資源技術の判断基準

新旧エネルギー・資源技術について，不確実性の中でもしっかりした定量的論議をすべきである．時期，量，経済性（コストと価格），さらに，使いやすさ，環境調和性，安全性のあわせて六つの規準がある（8.1.2 項参照）．例えば，いくら環境によいといってもあまりにコストがかかっては社会が負担しきれないので，コスト評価は不可欠である．必要となる労力も当然考慮しなければならない．なお，エネルギーとしての資源消費量は材料としての消

費量に比べ一桁大きいことは留意事項である．

6) 安全と環境への配慮
　すべての技術にとって，有用性と安全性・環境調和性は車の両輪であり，安全や環境への配慮を欠いた技術は許されない．このことは21世紀になっていっそう明白になっている．化学技術の場合，例えば，「化学物質」〈広義〉は生活の隅々に普及し役に立っているが，使い方を誤ると健康や環境に大きな危害が発生する可能性がある．「化学者」は，化学リスクの考え方を正しく理解し，リスクの事前評価と軽減の努力をすること，そして，適切な知識を社会に発信し，かつ社会からの声に耳を傾けることが必要である．

7) トレードオフとケースバイケース
　多くの事象が錯綜している現代では，多面的な考察が必要で，トレードオフ関係を忘れて短絡的に結論を出したり，あるいは，ケースバイケースの問題をなおざりにして不用意な一般化をしたりすることは避けねばならない．

次代を担う人々へ
　まずは，現代のかかえる環境問題の大きさ，拡がりと複雑さを知り，さらに，その正しい認識が難しいことを謙虚に受け入れることが第一歩であろう．そのうえで，技術的対策を含め解決策を見いださねばならない．これはさらに難度が高いが，人類が解決せねばならない問題である．次代を担う若い世代にも上の世代の人たちにも，この解決に貢献する科学と技術の進展へ向けての努力を期待したい．楽観は許されないが，本文でもふれたように，適切な努力を続けることにより，おそらく解決できるものと期待を込めて予測している．繰り返しになるが，科学的合理的，総合的な判断 (realistic, comprehensive, quantitative) に基づいた拙速ではない対策と，その影響を注意深くモニターしながらの柔軟な修正が必要である．

参 考 文 献

＜全般＞
文献

日本化学会編：『化学便覧 応用化学編』丸善 (2003).
指宿堯嗣・上地雅子・御園生 誠：『環境化学の事典』朝倉書店 (2007).
石油学会編：『石油辞典』第 2 版，丸善 (2005).
小倉紀雄・一國雅巳：『環境化学』裳華房 (2001).
西村雅吉：『環境化学』改訂版，裳華房 (1998).
今中利信・広瀬良樹：『環境・エネルギー・健康 20 講』化学同人 (2000).
中川和道・蛯名邦禎・伊藤真之：『環境物理学』裳華房 (2004).
日本化学会編：『環境科学』東京化学同人 (2004).
日本化学会編：『暮らしと環境科学』東京化学同人 (2003).
石 弘之 編：『環境学の技法』東京大学出版会 (2002).
安井 至：『市民のための環境学入門』丸善 (1998).
玉浦 裕ら：『環境安全科学入門』講談社 (1999).
今中利信・廣瀬良樹：『環境・エネルギー・健康 20 講』化学同人 (2000).
渡辺 正・伊藤公紀・林 俊郎 編：『シリーズ 地球と人間の環境を考える』日本評論社 (2003-).
　1. 地球温暖化，2. ダイオキシン，3. 酸性雨，4. 環境ホルモン，5. エネルギー，6. リサイクル，7. 水と健康，8. ごみ問題とライフスタイル，9. シックハウス，10. バイオマス，11. 畜産と食の安全（未刊），12. これからの環境論
北野 大・及川紀久雄：『人間・環境・地球－化学物質と安全性』第 2 版，共立出版 (1997).
加藤尚武：『図解 スーパーゼミナール環境学』東洋経済新報社 (2001).
村橋俊一・御園生 誠 編：『地球環境の化学』朝倉書店 (2006).
B. ロンボルグ：『環境危機を煽ってはいけない－地球環境のホントの実態』文芸春秋社 (2003).
御園生 誠：「環境・健康・安全と化学の課題」化学と教育，**53** (11), p.588－591 (2005).

データ

矢野恒太記念会:『日本国勢図会』(2005/06, 2006/07).

矢野恒太記念会:『世界国勢図会』(2005/06).

日本化学会編:『化学便覧 応用化学編』丸善 (2003).

環境省編:『環境白書 (平成17, 18年版)』ぎょうせい (2006).

環境省編:『循環型社会白書 (平成17, 18年版)』ぎょうせい (2006).

経済産業省編:『エネルギー白書 (2006年版)』ぎょうせい (2006).

国土交通省編:『日本の水資源 (平成16年版)』国立印刷局 (2004).

『今日の石油産業 2006』石油連盟 (2006).

OECD/IEA 編:『世界のエネルギー展望 2004』日本エネルギー経済研究所監訳, エネルギーフォーラム発行 (2005).

<第1章, 第2章>

J. E. アンドリュースら:『地球環境化学入門』改訂版, 渡辺 正訳, シュプリンガー・フェアラーク東京 (2005).

『地球システムのなかの人間』岩波講座 科学/技術と人間 第8巻, 岩波書店 (1999).

内藤正明・加藤三郎 編:『持続可能な社会システム』岩波講座 地球環境学 10, 岩波書店 (1998).

米国科学アカデミー編:『一つの地球 一つの未来』富永 健訳, 東京化学同人 (1992).

エントロピー学会編:『「循環型社会」を問う』藤原書店 (2001).

北野 康:『地球環境の化学』裳華房 (1984).

和田栄太郎:『地球生態学』環境学入門 3, 岩波書店 (2002).

C. D. タットマン:『日本人はどのように森をつくってきたのか』熊崎 実訳, 築地書館 (1998).

中川和道・蛯名邦禎・伊藤真之:『環境物理学』裳華房 (2004).

D. H. メドウズ・J. ランダース・D. L. メドウズ:『限界を超えて―生きるための選択』松橋隆治・村井昌子 訳, ダイヤモンド社 (1992).

D. H. メドウズ・D. L. メドウズ・J. ランダース:『成長の限界―人類の選択』枝廣淳子訳, ダイヤモンド社 (2005).

NHK「地球大進化」プロジェクト編:NHK スペシャル『地球大進化』日本放送出

版協会 (2004).

<第3章,第4章,第7章,第8章>

中杉修身・水野光一 編著:『人類生存のための化学 上:21世紀の資源と環境,下:地球を守る化学技術』新産業化学シリーズ,大日本図書 (1998).

日本化学会編:『化学便覧 応用化学編』丸善 (2003).

公害資源研究所編:『地球温暖化の対策技術』オーム社 (1990).

伊藤公紀:『地球温暖化』シリーズ 地球と人間の環境を考える1,日本評論社 (2003).

澤 昭裕・関 総一郎:『地球温暖化問題の再検証』東洋経済新報社 (2004).

小島紀徳:『エネルギー』シリーズ 地球と人間の環境を考える5,日本評論社 (2003).

小宮山 宏:『地球持続の技術』岩波新書 (1999).

日本表面科学会編:『環境触媒』共立出版 (1997).

御園生 誠・斉藤泰和:『触媒化学』丸善 (1999).

小野嘉夫・御園生 誠・諸岡良彦:『触媒の事典』朝倉書店 (2000).

「触媒活用大事典」編集委員会編:『触媒活用大事典』工業調査会 (2004).

中西準子:『水の環境戦略』岩波新書 (1994).

藤 和彦:『石油を読む』日経文庫 (2005).

奥 彬:『バイオマス』シリーズ 地球と人間の環境を考える10,日本評論社 (2005).

<第5章>

未踏科学技術協会編:『LCAのすべて』工業調査会 (1995).

石谷 久・赤井 誠 監修:『ライフサイクルアセスメント-原則および枠組み』産業環境管理協会 (1999).

指宿堯嗣・上地雅子・御園生 誠:『環境化学の事典』朝倉書店 (2007).

柳澤 衞:『LCAを用いた環境情報開示の新戦略』第一法規 (2003).

足立芳寛ら:『循環型社会のためのライフサイクルアセスメント』東京大学出版会 (2004).

<第6章>

R. カーソン:『沈黙の春』青樹簗一訳,新潮社 (1987).
J. V. ロドリックス:『危険は予測できるか!』宮本純之訳,化学同人 (1994).
J. D. グラハム・J. B. ウィーナー:『リスク対リスク』菅原 努 監訳,昭和堂 (1998).
中西準子・益永茂樹・松田裕之:『演習 環境リスクを計算する』岩波書店 (2003).
中西準子:『環境リスク学』日本評論社 (2004).
西原 力:『環境と化学物質』大阪大学出版会 (2001).
中西準子ら編:『環境リスクマネジメントハンドブック』朝倉書店 (2003).
原科幸彦:『環境アセスメント』改訂版,放送大学教育振興会 (2000).
日本化学会編:『化学安全ガイド』丸善 (1999).
関澤 純 編著:『リスクコミュニケーションの最新動向を探る』化学工業日報社 (2003).
花井荘輔:『リスクってなんだ』丸善 (2006).
宮本純之:『反論!化学物質は本当に怖いものか』化学同人 (2003).
日本化学会編:『化学安全学』丸善 (1999).

<第9章>

御園生 誠・村橋俊一 編:『グリーンケミストリー―持続的社会のための化学』講談社 (2001).
P. T. Anastas, J. C. Warner:『グリーンケミストリー』渡辺 正・北島昌夫 訳,丸善 (1999).
柘植秀樹・竹内茂弥・荻野和子 編:『環境と化学―グリーンケミストリー入門』東京化学同人 (2002).
工藤徹一・御園生 誠 編:『グリーンマテリアルテクノロジー』講談社 (2002).
御園生 誠 監修:『環境にやさしい化学技術の開発』シーエムシー (2006).
未踏化学技術協会編著:『エコマテリアル・ガイド』日科技連 (2004).
産業技術総合研究所編:『エコテクノロジー』丸善 (2004).
御園生 誠:「グリーンケミストリーへの期待」化学工業,58(1),p. 58−61 (2000).
御園生 誠:「グリーンケミストリー:その考え方と進め方」有機合成化学協会誌,51(5),p. 406−412 (2003).

<第10章>

環境省編:『循環型社会白書(平成17, 18年版)』, ぎょうせい (2005, 2006),『環境・循環型社会白書(平成19年版)』ぎょうせい (2007).

吉田文和:『循環型社会』中公新書 (2004).

寄本勝美:『ごみとリサイクル』岩波新書 (1990).

酒井伸一:『ゴミと化学物質』岩波新書 (1998).

大前 巌:『プラスチックリサイクルをどうするか』化学工業日報社 (2000).

安井 至:『リサイクル』シリーズ 地球と人間の環境を考える6, 日本評論社 (2003).

高月 紘:『ごみ問題とライフスタイル』シリーズ 地球と人間の環境を考える8, 日本評論社 (2004).

日本化学会編:『リサイクルのための化学』大日本図書 (1991).

武田邦彦:『環境にやさしい生活をするために「リサイクル」してはいけない』青春出版社 (2000).

<第11章>

広井良典:『定常型社会』岩波新書 (2001).

吉田文和:『循環型社会』中公新書 (2004).

宮本憲一:『維持可能な社会に向かって』岩波書店 (2006).

OECD/IEA 編:『世界のエネルギー展望2004』日本エネルギー経済研究所監訳, エネルギーフォーラム発行 (2005).

D.H. メドウズ・D.L. メドウズ・J. ランダース:『成長の限界-人類の選択』枝廣淳子訳, ダイヤモンド社 (2005).

加藤尚武:『環境倫理学のすすめ』丸善 (1991).

加藤尚武:『新・環境倫理学のすすめ』丸善 (2005).

飯島伸子:『環境社会学のすすめ』丸善 (1995).

植田和弘:『環境経済学への招待』丸善 (1998).

問題解答とヒント

第1章

[1] 1.3節参照.

[2] 表11.1 (p.198) にあるまとめを参照. 筆者は, 21世紀末において1.4.2項の冒頭に述べた状態にあって, かつ200〜300年先に大きな不安がないことを期待する.

[3] 図1.3を参照し, 例えば, 窒素酸化物, 硫黄酸化物, 二酸化炭素, 廃棄物の排出量について考察せよ. それぞれのデータは本文ないし『環境白書』にある.

[4] その現象は地球温暖化が原因で起こっている現象か, 地球全体で起こっている現象か, それとも局地的に起こっている現象で別の地域では違う現象が起こっているのではないか? などから考察せよ. ちなみに, 日本の平均気温は100年で約1℃上昇し, 東京は約3℃上昇した.

第2章

[1] 2.1節, 3.1節を参照. 入射と反射エネルギー, 水の蒸発, 生合成, 人間活動などについて, エネルギーフローチャートを作成してそれぞれが占める割合について考察せよ.

[2] $178,000 (1/6,000 - 1/288) = 588 \text{ TW deg}^{-1}$. この式をもとに通常のエントロピーの単位に換算せよ.

[3] 対流圏では健康被害, 成層圏ではオゾン層を形成し健康を守る, ことを元に論述せよ.

[4] 2.4節参照. 降水 (10日程度), 蒸発, 河川, 海流, 海洋大循環 (1,000年程度) など.

第3章

[1] 第3章コラムの表 (p.41) 参照.

[2] 3.3, 3.4節参照. おそらく大問題にはならない.

[3] エネルギー・資源消費量, 廃棄物量, 経済活動 (労働力など), 社会保障 (年

金）などについて考えてみよ．

第4章

[1] 4.2～4.5節，および第7, 10章参照．

[2] 約5℃．興味のあるものは，地球の平均気温の求め方を調べてみると面白い．

[3] 4.2節参照．現在の日本の二酸化炭素の排出量12.9億t，運輸部門はその約20％を占める．

第5章

[1] 5.4節参照．

[2] 5.3.1項参照．表5.1で考慮しなかったコスト，原料の違い，リサイクル可能性，使い心地なども考えるとどうなるだろうか．

[3] PETボトル1本を製造するために必要なエネルギーを計算する．

（単純焼却処理）$20 + 850 + 300 + 600 + 200 + 80 = 2,050 \text{ kJ}$

（サーマルリサイクル）

$$20 + 300 + 850 + 600 + 200 + 80 + 200 - 850 = 1,400 \text{ kJ}$$

（原油からの製造に回収熱エネルギーがすべて活用されると仮定）

（マテリアルリサイクル）$600 + 900 = 1,500 \text{ kJ}$

第6章

[1] 図6.1参照．

[2] 日本の水道水質基準は0.08 mg L^{-1}，WHOのガイドラインは0.9 mg L^{-1}である．日本の指針は入浴時の気化吸入を考慮し不確実性係数が大きい．実際にはその他の要因も考慮されている．

[3] 6.5.1, 6.5.2項参照．

第7章

[1] 原油輸入量は年間2.4億kL（比重は産地により異なるが0.85と仮定）である．この値を使って考察せよ．用途は，硫酸，船舶用重油，アスファルトなど．

[2] ヨーロッパには日欧の新型のディーゼル車が投入されていて，ヨーロッパの規制値を達成し運転性能も良い．一方，日本では旧型ディーゼル車のイメージのため販売台数が激減し，新型車が投入されていない．また，日本はNOx規

制値が厳しく，経済的な排ガス対策車が実現していないなど．ディーゼル車は燃費が良いので，技術の進歩により今後普及する可能性がある．

[3] 空燃比のコンピューター制御，排ガス処理触媒，酸素センサーなどの組み合わせによる（第7章コラム (p.123) 参照）．

第8章

[1] 食糧の自給率向上はある程度可能だが経済性が大問題．エネルギーについては当分の間ごくわずかの向上しか見込みなし．輸入量の確保が鍵．

[2] 8.9節参照．

[3] エタノール製造プロセスについては，サトウキビは一段のエタノール発酵で，トウモロコシの場合はまず発酵により糖に変えてから，エタノール発酵する二段発酵である．木材の場合（セルロース）は，これに加えて，セルロースを取り出すための化学的前処理をしたのちトウモロコシと同様の二段の発酵が必要．コスト，エネルギー消費等は，木材＞トウモロコシ＞サトウキビで，実用可能性は逆の順になる．他方，資源量に関しては，サトウキビ，トウモロコシは食用との競合があり，農地確保，飢餓の存在，市場の投機性などから資源の安定供給に問題あり．国内で大量に製造しようとすると，いずれも問題が大きい．

[4] コスト増は $1,800\sim 3,600$ 億円（等熱量）．約1割の貢献．二酸化炭素排出量は，ガソリンの比重0.85，分子式（元素組成）$(CH_2)_n$ として計算せよ．

第9章

[1] 9.5節参照．反応において反応式に現れない溶媒，補助試薬，触媒などがある．これらは，E-ファクターには含まれる．反応終了後に生成物や触媒の分離・精製でも溶媒，補助試薬が大量に必要．

[2] クロロヒドリン法の原子効率31％，(1), (2)式の原子効率76％．

[3] 例えば，図9.1で，植物は再生可能資源であるが，インジゴの原料とすると環境負荷は増大し，経済性は大幅に悪化する．

第10章

[1] ごみ約1kg，石油約5L．

[2] 例えばPETボトル単位量に着目して，そのリサイクルとエネルギー消費量を考える（図10.8の定常状態を考えるのではなく）．A, B, C は図10.8のそれ

らに相当するが，ここでは <u>PET ボトル単位量当たり</u>のエネルギー消費量とする．

（1）損耗がない場合，
　ⅰ）リサイクルしない場合のエネルギー消費量は，$A + B + C$
　ⅱ）1回リサイクルしてから廃棄した場合，$A + 2B + C + D$
　　　1回使用当たりでは，$\frac{1}{2}(A + 2B + C + D)$
　ⅲ）n 回リサイクルしてから廃棄した場合，$A + nB + C + (n-1)D$
　　　1回使用当たりでは，$\frac{1}{n}\{A + nB + C + (n-1)D\}$
　ⅳ）$n \to \infty$ とすると，1回使用当たりは，$B + D$

（2）リサイクルの際に毎回 10% の材料の損耗がある場合，
　ⅰ）リサイクルしない場合のエネルギー消費量は，$A + B + C$
　ⅱ）1回リサイクルしてから廃棄した場合，2回目は利用量が 90% なので，
　　　$A + (1 + 0.9)B + 0.9C + 0.9D$
　　　単位量当たり，1回使用当たりでは，
　　　$\frac{1}{1 + 0.9}\{A + (1 + 0.9)B + 0.9C + 0.9D\}$
　ⅲ）n 回リサイクルしてから廃棄する場合
　　　$A + (1 + \sum_i 0.9^i)B + 0.9^i C + \sum_i 0.9^{(i-1)} D$
　　　単位量当たり，1回当たりでは，
　　　$\frac{1}{1 + \sum_i 0.9^i}\{A + (1 + \sum_i 0.9^i)B + 0.9^i C + \sum_i 0.9^i D\}$
　ⅳ）$n \to \infty$ とすると，$A + \frac{1}{0.1}B + \frac{0.9}{0.1}D$
　　　単位量当たり，1回使用当たりでは，$\frac{1}{10}(A + 10B + 9D)$

［3］10.4 節参照．課金について，前者では違法投棄が増えるなどの難点がある．後者では価格の上昇に伴う複雑な影響が予想される．

索　引

ア

アジェンダ 21　12,60
アスベスト　104
アルベド　45
アレスリン　166
アロケーション　69
安全,安心　10,78,209

イ

硫黄酸化物　50,112
イオン交換膜法　173
一次エネルギー　28,128,130
一次エネルギー需要　32
一日許容用量　86
一酸化炭素　52
一酸化二窒素　47,52
一般廃棄物　178
因果関係　5
インテリジェント触媒　124
インパクト分析　65
インベントリー分析　64,65
飲料水（上水）　116

ウ

ウラン　129,140
ウルム氷河期　17

エ

エコ効率　72,165
エコマテリアル　174
エネルギー化学技術　126,205
エネルギー・資源セキュリティー　128
エネルギー・資源戦略　126
エネルギー資源の主要生産国と埋蔵国　129
エネルギー需給　28
エネルギー消費量　4
エネルギー生産性　153,155
エネルギー選択の基準　127
エネルギーフロー　30
エネルギー利用システム　206
end-of-pipe 型技術　106
エンドポイント　84

オ

オイルサンド　139
オイルシェール　139
汚染土壌　119
オゾン層　19
オゾン層破壊　48,204
オゾンホール　48

カ

温室効果　44
温室効果ガス　43,107

化学安全　80
化学環境学　1
化学技術の課題　204
化学的酸素要求量　57
化学物質　77
化学物質管理関連法令　95
化学物質管理促進法　96
化学物質数　78
化学プロセス，化学製品のあり方　215
確認埋蔵量　32
核燃料の再処理　142
可採年数　34
化審法　95
化石系資源　133,200
紙・パルプ産業　173
環境　1
環境アセスメント　74
環境影響カテゴリー　63
環境会計　73
環境化学　1
環境化学技術　106
環境型社会　9
環境監査　71
環境管理システム　71
環境技術　105
環境基本法　97

索引

環境クズネッツ曲線　7, 9
環境経済学　210
環境効率　72
環境社会学　211
環境触媒　120
環境政治学　211
環境制約条件　198
環境と経済　11, 210
環境負荷　9, 62, 161
環境負荷項目　63
環境変化の見通し　202
環境保全　59
環境保存　59
環境モニタリング　121
環境問題　2, 44
環境問題の行方　212
環境有害性　82
環境ラベル　73
環境リスク　77
環境倫理学　210
監視化学物質　96

キ

危険有害性　79
技術的制約条件　204
寄生　26
基礎代謝エネルギー　28
揮発性有機化合物　53, 113
共生　26
京都メカニズム　157
金属資源　33

ク

グリーン・サステイナブル

ケミストリー　159
クリーン開発メカニズム　157
グリーンケミストリー　159
グリーン原料　170
グリーン購入　75
グリーン製品　170
グリーン度　163
クリーン燃料　111
グリーンプロセス　164
クロロフルオロカーボン（類）　49, 115

ケ

健康有害性　81
健康リスク　84
原子効率　165
原子力　29, 140, 201, 205

コ

合意形成　6
公害　43
公害問題　2
光化学オキシダント　52
構造活性相関　91
降水量　21, 36
高速増殖炉　142
枯渇性資源　126, 131
国際条約　98
国民所得　41
国民総生産　40
国民調和　101
穀物生産量　37
ごみ処理の流れ　180
ごみ発電　188

サ

サーマルリサイクル　188
再資源化技術　182, 190
再生可能資源　34, 126, 132
再処理プロセス　141
在来型バイオマス　29, 146, 200
材料リサイクル　188
サトウキビ　150
砂漠化　56
産業廃棄物　177, 181
産業連関分析法　69
三元触媒　109, 110
酸性雨　50, 204

シ

シアノバクテリア　15, 25
時間軸　4, 127, 199
しきい値　85
自給率　128
資源生産性　155, 183
自主管理　94, 100, 201, 205
自然エネルギー　143
持続可能な社会　9
持続可能な発展　12
持続性　7
室内空気　54, 115
自動車触媒　123
自動車排ガス浄化　108
地熱　29, 145
社会経済的条件　198, 207

社会経済的対策　123,
　　193
純一次生産　16
循環型社会　9
循環型社会形成　193
循環利用率　184
省エネルギー技術　153
詳細リスク評価　90
浄水器　118
消費量　4
初期リスク評価　90
食品用トレイ　66
植物系バイオ燃料　151
食物連鎖　23,83
食糧　37,154,202,206
食糧自給率　38
所得格差　40
人口　4,207
人口の動向　39
森林減少　54,204
人類の歴史　17

ス
水素　152
水素エネルギーシステム
　　153
水力　29,143

セ
生活排水（下水）　117
生活用品のLCA　75
成層圏　19
生態学　26
生態リスク　89
成長の限界　7
製品安全　101
生物化学的酸素要求量

　　57
生物圏　22
生物多様性条約　23
生物濃縮　83
生物ピラミッド　23,83
生分解性プラスチック
　　148
石炭　29,129,136
石油　29,129,130,133
石油精製　135
セルロース　148
ゼロリスク　10
選択還元法　112

ソ
SOx　50

タ
ダイオキシン　89
大気汚染防止法　97
大気環境改善　107
大気の組成　20
太陽エネルギー　15,33
太陽光　143
太陽定数　45
太陽電池　144
対流圏　19
単位の換算　29
炭素の循環　18

チ
地球温暖化　20,43,203
地球温暖化係数　46
地球環境問題　43
地球サミット　12,60
地球システム　14
地球的制約条件　198,

　　200
地球と生物の歴史　24
窒素酸化物　51,52,112
中東依存度　130
直接物資投入量　156

ツ
積み上げ法　63

テ
ディーゼル自動車　109
電気エネルギー　30
天然ガス　29,129,137

ト
トウモロコシ　148
毒性　81
毒性等価係数　89
特定化学物質　96
毒とクスリと犬とネコ
　　102
毒物及び劇物取締法　98
都市化　39
土壌　21
土壌汚染　56,118
土地劣化　55,204
トレードオフ関係　5

ナ
ナノテクノロジー　103
南北問題　6,40

ニ
二酸化炭素　43,46,47,
　　203
　——の排出量削減
　　119

索引

二次エネルギー 28, 152
日常生活の環境 58

ネ

熱回収（サーマル
　　リサイクル） 188
燃費 111
燃料電池 152

ノ

NOx 52

ハ

排煙脱硝 112
排煙脱硫 112
バイオエタノール 149, 151
バイオ系燃料 32, 202
バイオハザード 79
バイオマス 29, 146, 205
バイオマス資源 145, 147
バイオモニタリング 122
廃棄物 58, 176
廃棄物処分場 182
廃棄物処理 176
　　――の今昔 195
廃棄物の分類 177
廃棄物発生量 4
排出権取引 157
排水処理 118
暴露解析 88
暴露経路 81
暴露マージン 86
ハザード比 86
発がん性 82

発がんリスク評価 88

ヒ

光触媒 121
非枯渇性資源 126
非在来型石油資源 139
非在来型バイオマス 146
微生物 23

フ

風力エネルギー 144
不確実性係数 86
複合サイクル発電 136
物質循環 18
物質フロー 35
物理化学的危険性 80
プラスチックの生産, 廃棄, 再資源化 186
プラスチックのリサイクル 68, 189
BRICs 154
分離・精製 168

ヘ

平均寿命 41
PETボトルのリサイクル 191
ヘテロポリ酸 168

ホ

ポジティブリスト 94
POPs 99

マ

マテリアルリサイクル（材料リサイクル） 188

ミ

水 21, 35, 154, 202, 206
水汚染 56
水環境改善 116
水資源 35
水資源賦存量 36
水ストレス 21, 36
緑の革命 38
未来シナリオ 197

ム

無毒性量 86

メ

メタン 47, 137
メタン水和物 139

モ

モノリス（ハニカム）支持体 109

ユ

有害大気汚染物質 53

ヨ

溶存酸素量 57
溶媒問題 169
用量・反応関係 85
予防原則 93
四大公害訴訟 3

ラ

ライフサイクルアセスメント 62
ライフサイクルエネルギー 75

ライフスタイル 208,213
　——の転換 213

リ

REACH 99
リサイクル 176
　——の基本式 189
リサイクル率 184
リスク 8,11,78,80
リスク-ベネフィット
　比較・分析 11,93
リスク間比較 11
リスク管理 92,100
　——の諸原則 92
リスクコミュニ
　ケーション 100
リスク評価 84,100
リモートセンシング
　122
粒子状物質 53,108
リデュース（発生抑制）
　186

リユース（再使用） 187

ロ

労働安全衛生法 98

ワ

われら共有の未来 12

欧文，その他

3R 179
BOD 57,173
BRICs 154
CFC 49,115
CO 52
CO_2 47,119,203
COD 57
CRW 29
E-ファクター 161
end-of-pipe 型技術
　106
ETBE 146
FAME 146
GC 159

GC 大統領賞 171
GC における 12 原則
　163
GHS 99
GSC 賞 171
HCFC 49,115
IPCC 48
LCA 62
MSDS 96
NOx 52,112
N_2O 47,52
PET ボトルのリサイク
　ル 191
PM；particulate matter
　53
POPs 99
PRTR 96
QSAR 91
REACH 99
SCR 112
SOx 50,112
VOC 53,113
VOC 低減技術 114

著者略歴

御園生 誠（みそのう まこと）

　1939年鹿児島県生まれ（台湾，山口経由で大半東京）．1961年東京大学工学部応用化学科卒業，1966年同大学院博士課程単位取得退学，工学博士．同年東京大学工学部助手．講師，助教授を経て，1983年教授．1999年同退官，工学院大学教授，東京大学名誉教授，2000-2005年日本学術会議会員，2004年度日本化学会会長．2005年より（独）製品評価技術基盤機構（nite）理事長．

　主な編著書：『触媒化学』（丸善），『触媒の事典』（朝倉書店），『New Solid Acids and Bases』（Elsevier-Kodansha），『化学便覧 応用化学編』（丸善），『グリーンケミストリー』（講談社），『触媒活用大辞典』（工業調査会），他．

化学の指針シリーズ　　化学環境学

2007年 9 月 10 日　第 1 版発行

著作者	御園生　誠
発行者	吉野　達治
発行所	東京都千代田区四番町 8 番地 電　話　03-3262-9166（代） 郵便番号　102-0081 株式会社　裳華房
印刷所	三報社印刷株式会社
製本所	株式会社　青木製本所

検印省略

定価はカバーに表示してあります．

社団法人　自然科学書協会会員

JCLS 〈㈱日本著作出版権管理システム委託出版物〉
本書の無断複写は著作権法上での例外を除き禁じられています．複写される場合は，そのつど事前に㈱日本著作出版権管理システム（電話 03-3817-5670, FAX 03-3815-8199）の許諾を得てください．

ISBN 978-4-7853-3218-1

Ⓒ 御園生　誠, 2007　　Printed in Japan

化学の指針シリーズ

全17巻　各A5判　　編集委員会　井上祥平・伊藤　翼・岩澤康裕
　　　　　　　　　　　　　　　　大橋裕二・西郷和彦・菅原　正

- ◆ 化学環境学　　　　　　　　　　　　御園生　誠 著　定価 2625 円
- ◇ 生物無機化学　　　　　　　　　　　　　　塩谷光彦 著　続刊
- ◇ 錯体化学　　　　　　　　　佐々木陽一・柘植清志 共著　続刊
- ◇ 高分子化学　　　　　　　　　　西　敏夫・讃井浩平 共著　続刊
- ◆ 化学プロセス工学
  　　　　　　　　小野木克明・田川智彦・小林敬幸・二井　晋 共著　近刊
- ◇ 触媒化学　　　　　　　岩澤康裕・岩本正和・丸岡啓二 共著　続刊
- ◇ 物性化学　　　　　　　　　　　　　　　　菅原　正 著　続刊
- ◇ 有機反応機構　　　　　　　　　加納航治・西郷和彦 共著　続刊
- ◇ 生物有機化学 —ケミカルバイオロジーへの展開—
  　　　　　　　　　　　　　　　宍戸昌彦・大槻高史 共著　続刊
- ◇ 有機工業化学　　　　　　　　　　　　　　井上祥平 著　続刊
- ◇ 無機材料化学　　　　　　　　　　　　　河本邦仁 他 共著　続刊
- ◇ 量子化学　　　　　　　　　　　　　　　　中嶋隆人 著　続刊
- ◇ 表面・界面の化学
  　　　　　　　　　　　　有賀哲也・川合真紀・松本吉泰 共著　続刊
- ◇ 構造解析／機器分析　　　　　　　　　　　山口健太郎 著　続刊
- ◇ 有機金属化学　　　　　　　　　　　　　　岩澤伸治 著　続刊
- ◇ 電子移動の化学　　　　　　　　　　　　　福住俊一 著　続刊
- ◇ 超分子化学　　　　　　　　　　　　　菅原　正 他 共著　続刊

◆ 既刊，◇ 未刊（書名は一部変更になる場合があります）　2007 年 9 月現在

裳華房　SHOKABO
電子メール　info@shokabo.co.jp
ホームページ　http://www.shokabo.co.jp/